IOT物聯網
基礎檢定認證教材

序 PREFACE

科技的震撼！小說情節、電影情節隨著時間一一落實在生活中…：

Internet	功能	效益
第 1 代	把「電腦」串起來	資料分享 → 資料整合
第 2 代	把「人」串起來	人際關係分享 → 行動商務
第 3 代	把「東西」串起來	？？？分享 → ？？？

IOT 物聯網（Internet Of Things）也就是第 3 代 Internet，匪夷所思的要將萬物聯網，將冰箱、冷氣、咖啡機…都聯上網路的意義為何？隨著 Google Home 等相關生活應用不斷被開發出來，IOT 的價值漸漸浮現，儘管如此，由智慧家居所展現出來的也只是 IOT 功能的萬分之一。

我非常喜歡這句廣告詞：「科技始終來自於人性！」，能夠改進人類生活的科技才是有價值的，本書並不著眼於創新科技的介紹，而是專注於創新科技的商務應用探討。

以交通產業為例：

- 把車內的的零件聯網能創造甚麼效益？
- 把所有的車子聯網能創造甚麼效益？
- 把車、人、交通管制系統連結起來又能創造甚麼效益？

以醫療照護產業為例：

- 健康檢查儀器聯網能創造甚麼效益？
- 衣服、戒子、手錶等穿戴裝置聯網能創造甚麼效益？

- 居家監視器聯網能創造甚麼效益？
- 把人、社區醫療、醫學中心全部串在一起又成產生甚麼效益？

整理資料的過程中，對於傳奇人物：伊隆 - 馬斯克（Elon Musk）更是感到由衷的敬佩。

- PayPal：全世界第一個電子支付機制
- SolarCity：全美最大太陽能系統公司
- SpaceX：可重複使用太空發射器
- Tesla：全世界第一家純電動汽車廠

伊隆 - 馬斯克是一個：科學家、夢想家、企業家的合體，亞洲的教育體制培養出大量的科學家、企業家，但卻很難培養出夢想家，要培養出伊隆 - 馬斯克這等神人更是天方夜譚，在此我強烈建議所有學生在網路上搜尋伊隆 - 馬斯克的相關資料，探討一下東、西方文化、價值體系的差異，思考一下為何創新總是發生在歐美！

林文恭 106/04/26
於萬能科大　招生處

目 錄

CONTENTS

Chapter 1 智慧生活

Chapter 2 物聯網系統

Chapter 3 醫療、照護、健檢、運動產業

Chapter 4 自動化與創新商業模式

Chapter 5 綠色能源與智慧交通運輸

CHAPTER

1

智慧生活

本章內容

1.1 自動化的演進

人類生活便利性的提升憑藉的就是「自動化」，所有的產品都標榜「自動化」，我們就由每天使用最頻繁的「廁所」來探討自動化。

廁所演進

☑ 坑式廁所

基本上就是地板上挖個洞，大小號都往下投射，還兼具收集肥料的功能。

☑ 溝式廁所

有了衛生概念，多個崗位相連，以水溝相連，以人工舀水或以水管沖水來清潔，後來聰明的商人在上面加一條挖了小孔的水管，不管有沒有人，隨時沖水保持乾淨，太浪費水，但已經有自動化的概念了。

☑ 水箱拉桿式廁所

每一崗位配置一水箱，有一拉桿或旋鈕，上完大小號後，拉一下拉桿水就沖下清潔。

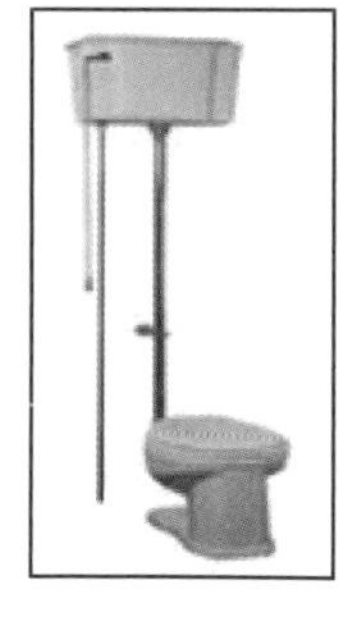

生活小知識

舊式英文單字「廁所」為 Water Closet 簡寫為 W.C.，就是因為便器需要用水來沖，新式用法為 Restroom，中文譯為化妝室，功能就不限於只做排泄用途。

☑ 感應式廁所

人靠近或離開小便斗、坐上馬桶或離開馬桶就自動沖水，不需要手動拉桿或旋鈕了。

☑ MTV 廁所

一邊上廁所，一邊看影片，廁所內提供影音娛樂享受，上廁所也可以很悠閒，名符其實的 Restroom。

由上面廁所的演進與自動化的探討，我們可以 100% 確認：自動化已成為生活中的基本元素了！

自動化技術演進

- **第 1 代自動化：** 很單純，就是「啟動」、「關閉」，必須手動拉桿或旋鈕，所以也稱為半自動。
- **第 2 代自動化：** 重點在於感應裝置，由環境的變化，決定啟動功能的時機。

  例如：人走進或離開小便斗，都會啟動沖水功能。
- **第 3 代自動化：** 重點在於智慧判斷，根據環境變化的差異，決定啟動的方式。

  例如：走進小便斗只沖水 5 秒鐘，離開小便斗沖水 15 秒鐘。
- **第 4 代自動化：** 重點在於網路雲端運用，辨識使用者身分，提供不同的服務，並記錄使用者資訊，提供雲端大數據企業決策，這也就是我們今天所說的物聯網商業應用。

  例如：根據人臉辨識技術，確認使用者身分，提供相關行銷影片資訊，更將使用者所在的地點、時間…等資訊上傳雲端。

1.2 智慧家電

智慧家電 3 個基本功能

- 訊息傳遞：Information Appliances
- 智慧判斷：Intelligent Appliances
- 網路連節：Internet Appliances

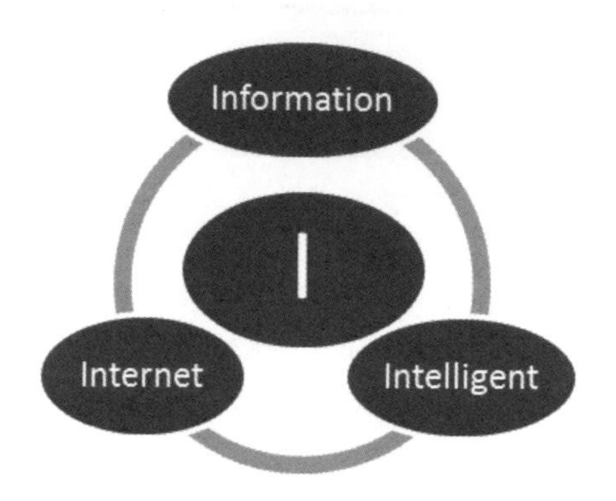

自動化功能

一般的自動化功能不外乎：

☑ 定時開關

07:00 音響自動開啟作為鬧鐘

07:15 咖啡機自動煮咖啡

18:00 電鍋自動煮飯

☑ 運作模式

洗衣機可以選擇 → 毯子、衣物、浸泡、一般

咖啡機可以選擇 → 意式、美式、加糖、奶精

☑ 語音訊息

運作的狀況以面板顯示或以語音報告。

聯網效益

☑ 遠端遙控

對於無法確實掌控下班時間的上班族，預約、定時功能變得不實用，利用無線遠端遙控，就能在回家的路上啟動：電鍋、冷氣、咖啡機。

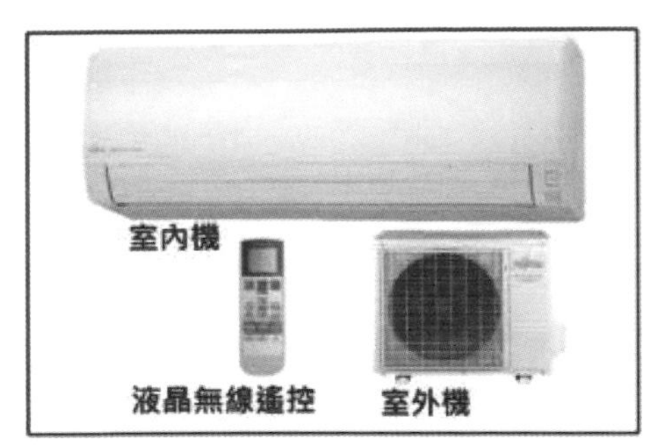

☑ 自動啟動

使用智慧電錶的單位，即可享受離峰電價優惠，生活中有許多事情並沒有時間上的急迫性，若能設定家電運作時間，便能享受優惠。

例如：夜間啟動洗衣機、夜間啟動抽水馬達。

☑ 自動採購

電冰箱聯網後可下載食譜，自動偵測冰箱內食物內容與數量，根據食譜的選擇，電冰箱可以下單採購食品。

☑ 互動效益

電玩遊戲透過體感裝置，可以讓玩家融入遊戲角色。

☑ 家電整合

所有家電都可以利用網路串結起來，利用中央控制器，整合所有家電的自動化工作。

情境 A：上床睡覺模式

窗簾自動關上、冷氣切換到睡眠模式、燈光調整為睡眠情境、音響播放輕音樂一小時後自動關閉、…

藉由床墊感測壓力，啟動情境 A

情境 B：起床模式

窗簾自動打開、咖啡機切換美式後自動開啟、電視機播放 CNN 晨間新聞、機器人播報即時路況與天氣、…

藉由體感裝置，偵測呼吸頻率，啟動情境 B

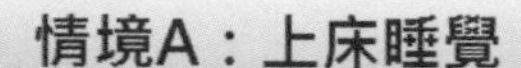

由床墊感測壓力啟動：情境A

燈光

空調

音樂

室外照明

保全系統

鬧鐘

1.3 智慧家庭

除了室內電器用品，室外環境也大量加入自動化智慧裝置，分類如下：

單一型自動裝置

☑ 夜間照明系統

- 環境亮度偵測：藉由偵測環境亮度改變，開啟或關閉路燈、走廊上的燈。

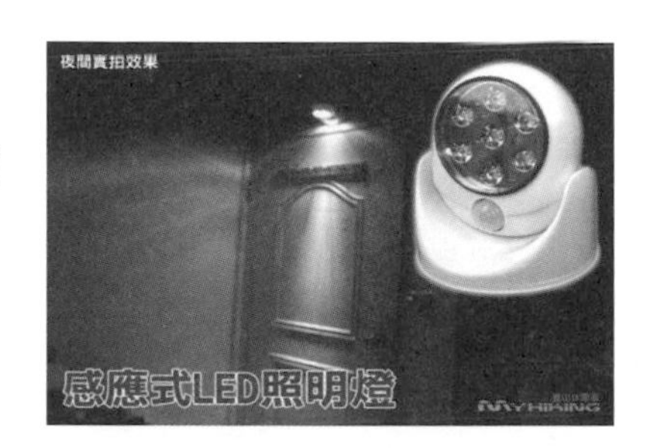

☑ 草地灑水系統

- 定時器：定時開啟或關閉灑水系統
- 溼度計：根據土壤濕度開啟或關閉灑水系統。

整合自動裝置

溫度控制

採光控制

燈光控制

影視設備

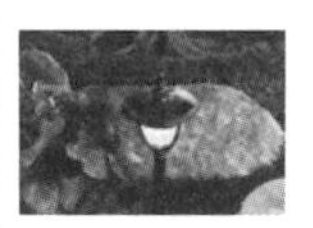
室外燈光

網路連結

人臉辨識

監視保全

居家保全系統

- 社區閘門透過辨識系統可認車、認人，作為社區進出管制。

- 屋子大門有指紋辨系統或晶片卡，作為身分辨識。

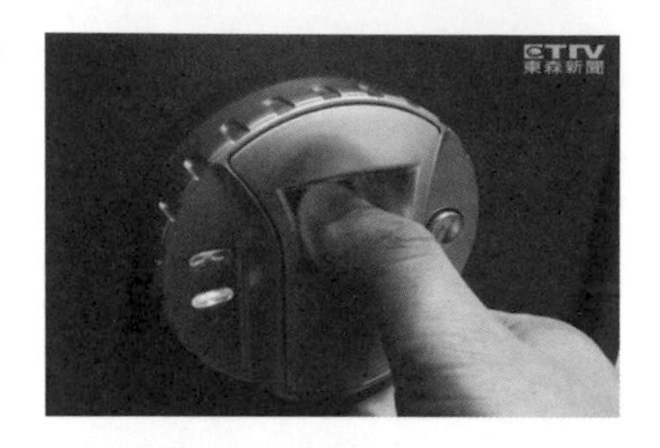

- 家中有固定式監視系統，還有移動式照護機器人，可隨時監看家中情況。

- 屋內各房間裝設煙霧、溫度感測器，有異常情況時，自動通報消防單位。

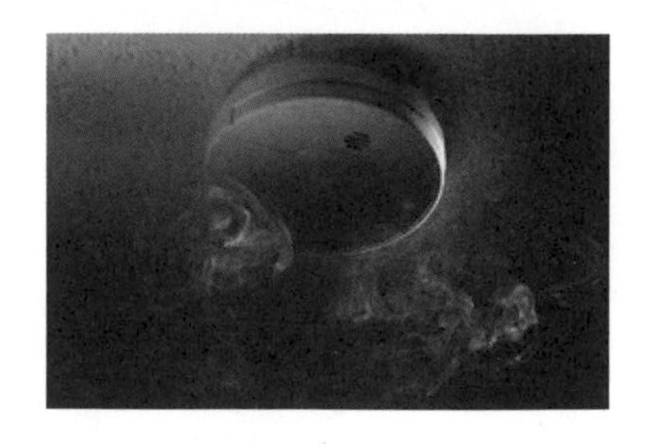

- 老人、小孩身上配置感知型發射器，當老人或小孩跌倒或昏倒時可發出緊急求救訊號，並提供 GPS 定位訊號。

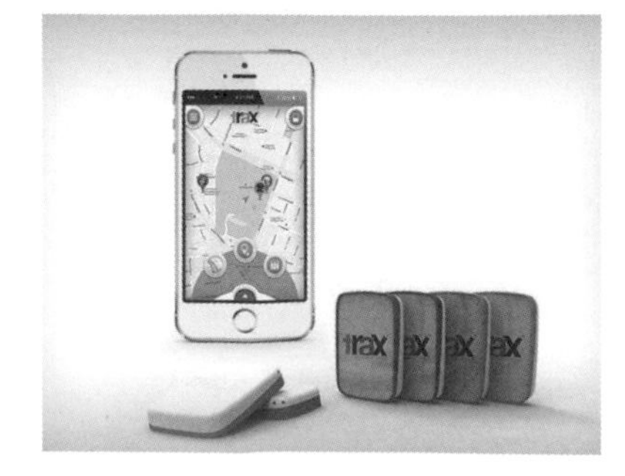

節電系統

- 裝設智能電錶，享受離峰時段用電優惠。
- 裝設太陽能板集電系統。
- 將白天電力賣給電廠。
- 將家中沒有時間急迫性的電器用品，改在夜間離峰電力時啟動，例如：洗衣機、抽水馬達、機器人掃地機。

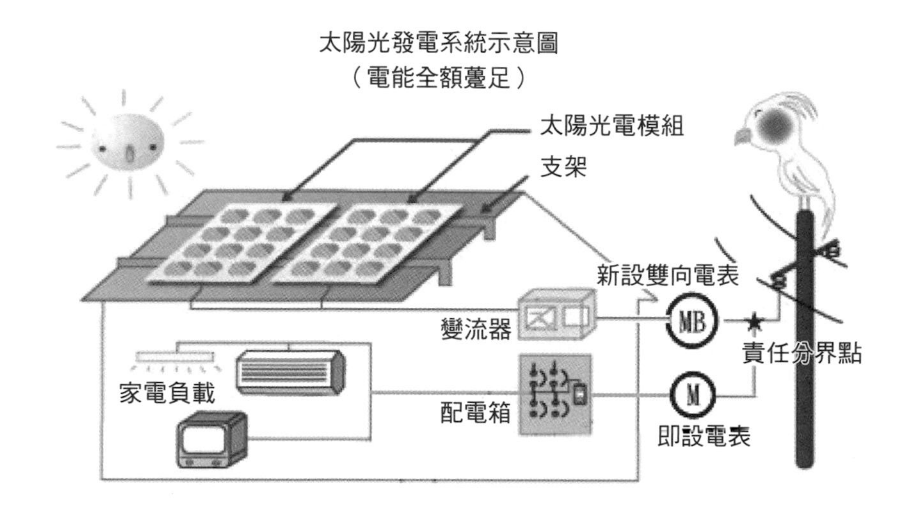

新/知/補/給/站

智能電表

安裝了智能電錶，你可以從電腦、手機 App 看到家裡即時電力消耗的狀況，或許還會加入電費估算的功能，讓你有節電的警覺。不過這種單向的「讀取」，只是智慧電錶的最基本的功能。電錶不僅每個月將用電累計度數傳回給台電，甚至可以讓台電的監控中心看到即時用電狀況，如果是加入「需量反應」計畫，台電也可以在尖峰時間遠端切斷用戶的某些插座電源，以降低區域的整體用電負荷。又或者，台電與能源局蒐集到智慧電錶蒐集到的「大數據」，便可以拿來分析國民的用電習慣，找出未來節電政策的施力點。

智慧電錶本身不會讓你節能，而是鼓勵你去改變行為，才能節能。

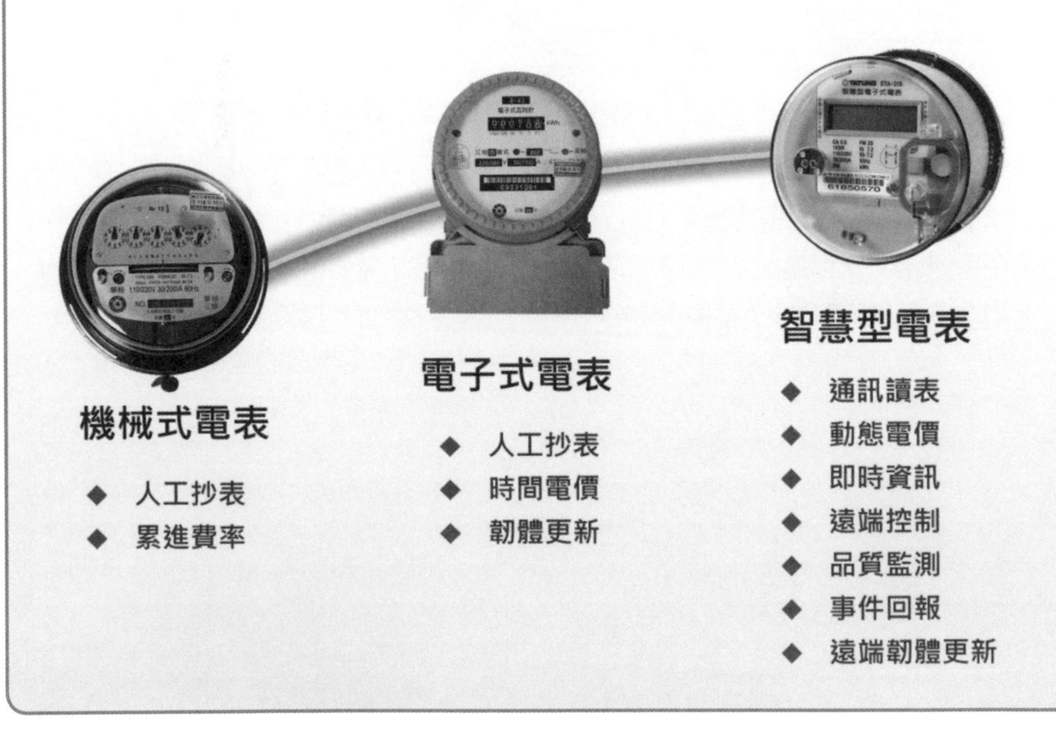

1.4 智慧學習

Ok Google

「Ok Google」，這句話我一天要對著手機說上十幾次，一開始看著別人對手機說話，覺得蠻自閉的，漸漸地…，我也上癮了，沒了「Ok Google」日子怎麼過！ Google 強大的搜尋能力可在瞬間搜尋全世界的知識庫，因此 Google 大神幾乎是無所不知無所不曉，生活大小事找 Google 就對了。

人工智慧

Google 的偉大是踩在眾前輩的肩膀上所成就的，沒有以下幾件事情，是不會有 Google 傳奇的。

☑ Internet 網際網路

TIC/IP 網路通訊標準，讓全世界電腦及周邊裝備都可以輕鬆地連上網路。

☑ WWW 全球資訊網

- HTTP：超文字傳輸協定，也就是網頁上的超連結。
- URI：全球定址規範，也就是我們在瀏覽器上輸入的網址。
- HTML：超連結文字，也就是網頁內容的語法。

藉由以上 3 個協定、規範、語法，建構今天網路瀏覽器的根基，讓所有人都可以簡單地在網路上分享、擷取資料。

☑ AI 人工智慧

數以千萬計的聯網電腦，數以千兆計的資料，Google 如何在瞬間找到電腦、找到資料？如何有效地排列資料的關聯性？讓資料搜尋者可以有效率地找到所需資料，這需要智慧！人工智慧！

有關於人工智慧的電影中，有 2 部經典名作：

- A.I. Artificial Intelligence：2001 年由史提芬史匹柏執導，描述一個機器人小孩擁有感情愛上人類。

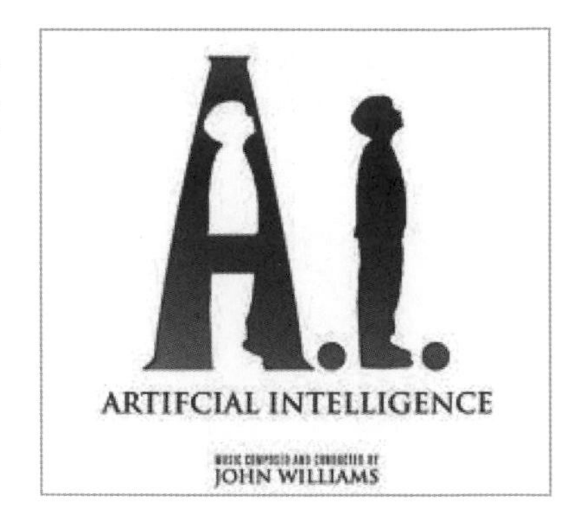

- I, Robot：2004 年由威爾史密斯主演，描述機器人全面進入公職服務，但名為索尼的機器人卻被設計為違反機器人三定律，造成對人類的威脅…。

生活小知識

機器人三定律：

- ◆第一法則：機器人不得傷害人類，或因不作為（袖手旁觀）使人類受到傷害
- ◆第二法則：除非違背第一法則，機器人必須服從人類的命令
- ◆第三法則：在不違背第一及第二法則下，機器人必須保護自己

有關於人工智慧的探討，也有 2 則經典報導：

- 1997 年 IBM 開發的超級電腦 Deep Blue（深藍）與西洋棋棋王 Kasparov 的對弈，最後由 Deep Blue 獲勝。

2016 年 Google 開發的 AlphaGo 與韓國圍棋高手李世石對弈，最後由 AlphaGo 壓倒性獲勝。

新/知/補/給/站

人工智慧

人工智慧就是模仿人類思維模式，請注意「模仿」2 個字，上面 2 則機器人打敗人類棋王的案例說明的只是機器人優越的「運算能力」。

學習下棋 3 步驟：

步驟 1：是學習下棋規則

步驟 2：不斷與他人對弈培養應變思考能力

步驟 3：觀察高手對弈或研究棋譜

機器人的超強學習力來自於 3 個關鍵技術：

1. 強大的記憶能力
2. 高速的運算能力
3. 先進的演算法

有了這 3 個關鍵技術，機器人可以隨時模擬對弈情況，大量閱讀棋譜，在與人類棋王對弈時，高速查閱、模擬千萬個歷史對弈案例，而且機器人謹守規則不會犯錯，因為先天能力的差異，對於這種高度仰賴經驗的遊戲，人類已經無法再與機器人對抗了。

但是對於從未發生過的事，無經驗可查時，人工智慧就不靈了，因此機器人的人工智慧其實就強大資料庫與優異運算能力的展現，然而人類真正的智慧：「創新」，卻是機器人永遠無法「模仿」的。

查單字、查專有名詞、查新聞、查歷史典故、查數學公式、查天文星座、查美容護膚、查有機養生、…，只要一手機在手，隨時隨地都可得到你所要的資訊，學校、老師、家長、書本、報章雜誌，如今被降格，都只是你學習的一小部分，透過網路的行動學習變成學習的主流，以前的人見面打招呼：「吃飽了沒！」，現代人的打招呼用語：「你 Google 了沒！」。

由於網路快速發展，行動裝置（iPhone、i-Pad、i-Watch、…）普及，所有資料都可以快速上傳雲端，形成了線上學習的新模式，無法出國學習卻又想體驗全球知名學府大師學者的授課風采，透過 MOOC 網站你就可以隨時隨地聆聽全世界頂尖大師的課程（劍橋、耶魯、麻省理工、…），透過專業網站論壇，你可以和全世界的專業人士分享討論您的經驗與知識，或向人討教疑難雜症，在網路上沒有階級、沒有貧富，有的只是無私分享，一個真正無障礙的學習環境正透過網路的延伸健全的發展。

新/知/補/給/站

磨課師

MOOC（Massive Open Online Course，大規模開放線上課程）

起源於「開放教育資源」與「關聯主義」的思潮，近年來，國際上許多知名教育組織積極投入 MOOC，成果已漸豐沛，並有許多平台可資運用（例如：Coursera 等）。

它沒有一致的定義，但顧名思義，有如下特點：

★**Open**（開放共享）

參與者不必是在校的學生，它是讓大家共享，且絕大多數是免費的。

★**Massive**（可大規模）

傳統課堂設計是針對一小群的學生人數對應一位老師，但 MOOC 的設計，是給來自網路上不特定的參與者，其「學生規模」可以非常龐大。

★**Online**（線上學習）

唯其透過網路，才可以達到如此的開放性、大規模、無遠弗屆。

★**Course**（課程）

雖然免費、不見得有學分，但仍課程架構嚴謹，且要求學習成果，為能追蹤學習進度與成效，因此參與者對擬修習的課程必須先註冊。

★**Video**（影音教學）

採用影音教學是一大特色，也是讓學習有效率的一大因素。

1.5 智慧生活

在台灣、亞洲、全世界，除了極少數生活貧困地區外，網路已經攻占了每一個人的生活細節，有人說：「對現代小朋友來說，最嚴厲的酷刑便是“沒收手機”」，以下我們就以小林一家的生活記事來探討智慧生活體驗。

智慧生活體驗

時間	生活細節	分類
06:30	智慧管家切換到起床模式： 窗簾、音響、咖啡機自動開啟，迎接一天的開始	智慧管家系統
07:00	電視自動開啟播放晨間新聞，一邊享受早餐 哥哥用 Google 查詢公車到站時間 媽媽查詢小姑姑回國航班是否準時	智慧家電 市公車資訊網 航空資訊網
07:30	媽媽 Google 天氣、空汙指標提醒全家人注意 爸爸苗栗出差，UBER 司機 LINE 傳訊巷口等候	氣象資訊網 車聯網、即時通訊
08:00	全家人一一出門，居家保全系統自動開啟 關閉空調、切斷瓦斯、關閉所有非常態式電源	智慧管家系統

時間	生活細節	分類
08:20	哥哥在公車上以手機觀看職棒新聞： 各隊戰績、年度精彩守備、一郎官網 網上訂票星期六晚上獅象大戰 爸爸在轎車上以 i-pad 處理客戶訂單 媽媽使用 Google Map 導航開車前往機場，途中傳來重大交通訊息，提供改道建議路線	線上即時新聞 運動產業行銷 電子訂票系統 行動商務 智慧導航系統
09:00	飛機誤點 1 小時，媽媽在機場使用免費 wi-fi： 上淘寶網購買結婚禮物、護膚面膜 線上轉帳繳交哥哥的補習費	公共服務 C2C 商務網站 電子支付 第三方認證
10:30	媽媽離開機場停車場以悠遊卡感應繳費 媽媽走 2 高回家，以 e-Tag 自動繳費	電子錢包 支付系統 物聯網
11:00	爸爸在苗栗工廠透過網路與台北總公司、大陸工廠作三方視訊會議	遠距會議
12:30	爸爸與開會同事決定節省用餐時間，線上訂購麥當勞漢堡炸雞，享受外送服務	電子商務 商務配送
15:00	哥哥 2 節空堂，決定加強英語聽力，到了操場的大樹下，用手機登入學校圖書館多媒體語言教學區，選了哈利波特第 3 集	線上學習 校園網路 行動學習
16:50	哥哥死黨小陳透過 LINE 群組邀集大家打一場 3 對 3 鬥牛再回家	社群通訊
19:30	媽媽帶小姑姑逛夜市，市區停車不易，搭捷運轉公車，享受優惠折扣，根據夜市 APP 導遊找尋人氣商品，享受打卡優惠服務	公共運輸聯網系統 社群經營 網路行銷
22:30	全家人準備就寢，居家保全系統切換到睡眠模式	智慧管家系統

智慧家居創造出什麼效益？

智慧家居產品、系統所產生的效益如下：

☑ 智慧操作

由傳統的手動，進化為遙控、聲控、環境感應、系統自動控制，大大提高產品操作的便利性。

☑ 智慧監控

居家安全是智慧家居的一個特點，也是附加價值最高的一個項目，監控的項目可包含：溫度、濕度、震動、煙霧、視像，根據監控結果啟動各項安全機制，對於家中有小孩、老人的家庭，效益更高。

☑ 智慧節能

台灣為了產業發展，政府以補貼方式降低能源價格，因此節能的概念在台灣並非主流，但隨著世界各國對於環保要求的力度不斷加強，台灣生產的產品若無法符合國際環保規範，產品是無法外銷出去的，因此智慧節電是所有產品設計的基本元素。

☑ 智慧維修

產品何時該保養、維修？保養、維修哪一個部份？一般人對於這兩個問題是沒有概念的！智慧居家產品的自動警示裝置，會以警示燈顯示產品的各項狀況，更會將訊息傳遞給廠商，主動報修並排定保養、維修日期。

智慧家居為何普及率低？

智慧居家產品目前的發展還是以單品為主，尚無法成為一個完整的系統，原因如下：

☑ 價格

產品研發的經費太高，因此產品發表初期的價格都非常昂貴，只有富二代用得起，必須等到第二代、第三代、甚至到第四代產品，才有可能因為產業規模擴大而達到價格甜蜜點。

☑ 方便性

技術人員設計新科技產品時，常會執著於產品的技術面，但消費者要的是使用的方便性，同樣的，必須等到第二代、第三代、甚至到第四代產品，才有可能因為消費者的使用意見回饋，而達到消費者預期的方便性。

☑ 系統整合度

單一產品的智慧化，所能產生的效益不高，如同前面章節所提到的：「情境 A －上床睡覺」，一個情境必須整合的產品包括：室內燈光、室外燈光、音樂、空調、保全系統、鬧鐘，缺乏系統的整合性，產品的方便性、效用將會大打折扣。

目前所有廠商都希望能夠主宰整個市場，成為產業的唯一標準，因此各大廠家、聯盟都推出自家獨特的通訊標準，不同廠牌之間的產品完全無法整合，消費者使用意願自然降低，市場規模無法擴大的情況下，產品價格也降不下來，因此必須經過一段時間等待系統標準的整合。

1.6 智慧居家發展的進程

前面提到智慧居家產品發展所面臨的問題，我們將智慧居家的進程劃分為 6 個階段，如下圖：

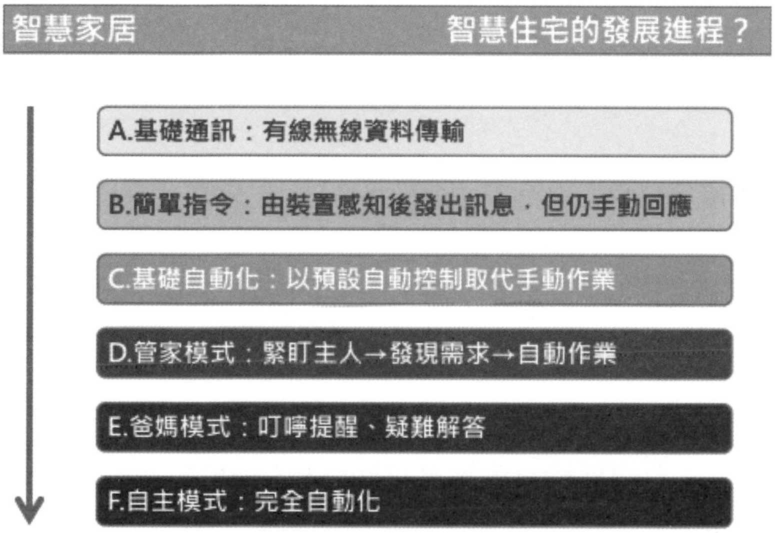

智慧家居　智慧住宅的發展進程？

A.基礎通訊：有線無線資料傳輸

B.簡單指令：由裝置感知後發出訊息，但仍手動回應

C.基礎自動化：以預設自動控制取代手動作業

D.管家模式：緊盯主人→發現需求→自動作業

E.爸媽模式：叮嚀提醒、疑難解答

F.自主模式：完全自動化

台灣目前大概只達到介於 B：簡單指令與 C：基礎自動化之間，也就是尚在單品智慧化的階段，因此我們的產業發展還有一段很長的路要走！

專題報導 智慧居家泡沫破裂

背景資料

- **2015/09/22：**智慧居家系統廠 Quirky 宣告破產！
- **2014/06/27：**GE 宣布「Link」系列智慧連網 LED 燈泡，使用能源僅及傳統燈泡的 20%，最低價不到 15 美元、是市面上最便宜的連網 LED 燈泡，內建晶片可接收來自智慧型手機軟體「Wink」的開關指令。Wink 是一款由 Quirky 所開發的智慧家電應用軟體（App）。
- **Wink 願景：**讓物聯網（IOT）成為讓每個人都負擔得起的科技發明。
- **財務資料：**公司新創募得資金為：1.7 億美元
以 1,500 萬美元出售智慧居家平台 Wink。

智慧家居產業發展的泡沫化？

這是記者灑狗血的報導手法！科技、生產、應用是 3 個產業發不同的範疇，科技的發展是天馬行空的，必須有人幫科技找到應用面，才能為科技找到生命與價值，但在商品化的過程中，成本、人性化成為最後勝敗的關鍵！

網際網路也曾被報導為泡沫化！因為在發展初期所有新創公司只著眼於創造「人流」，並沒有成熟的獲利商業模式（Business Model），只會發夢、騙取投資資金、燒錢創造人流，一切服務免費卻不會賺錢的公司當然會倒，這不叫泡沫化！

今天的物聯網發展也是一樣，不是智慧家居產業不好，Quirky 破產只說明商品化過程的失敗，價格太高、系統整合度不夠、不夠方便、不夠智慧！隨著生產技術的革新、經濟規模的擴大，成本天天往下降，藉由市場以及消費者的回饋，商品設計更人性化，商品的應用更多元化，各式各樣的整合應用不斷衍生出來，產業就漸漸成熟了。

習題

(　　) 1. 以下哪一個項目不是本教材中所列舉的廁所演進方式？ (4)

(1) MV 廁所　(2) 溝式廁所
(3) 水箱拉桿式廁所　(4) 蹲式廁所

(　　) 2. 哪一種廁所是 W.C. 簡稱的由來？ (3)

(1) 坑式廁所　(2) MV 廁所
(3) 水箱拉桿式廁所　(4) 感應式廁所

(　　) 3. 以下哪一個項目是廁所的英文名稱？ (3)

(1) Living Room　(2) Ball Room
(3) Rest Room　(4) Family Room

(　　) 4. 以下哪一種廁所是名符其實的 Rest Room ？ (1)

(1) MV 廁所　(2) 感應式廁所
(3) 水箱拉桿式廁所　(4) 溝式廁所

(　　) 5. 以下哪一個不是物聯網商業應用的重點項目？ (2)

(1) 雲端資料庫　(2) 感測器
(3) 差異化服務　(4) 智慧判斷

(　　) 6. 以下哪一個項目不是智慧家電的基本功能？ (4)

(1) 訊息傳遞 (2) 智慧判斷 (3) 網路連節 (4) 定時啟動

(　　) 7. 以下哪一個項目不是智慧家電的聯網效益？ (1)

(1) 18 禁管制 (2) 家電整合 (3) 互動效益 (4) 遠端遙控

(　　) 8. 以下哪一個項目不是智慧家電的聯網效益？ (3)

(1) 夜間啟動抽水馬達
(2) 電冰箱連網採購食品
(3) 智慧冰箱的食物保存效果較佳
(4) 串聯所有家電

題目	答案
(　　) 9. 以下哪一項智慧自動裝置的敘述是錯誤的？ （1）路燈的開、關是根據環境亮度 （2）灑水裝置的開、關可使用定時器 （3）灑水裝置的開、關可根據土壤濕度 （4）路燈開、關大多是半自動	（4）
(　　)10. 以下哪一項居家保全系統的敘述是正確的？ （1）社區閘門辨識系統只能可認車輛 （2）老人走失了很危險，必須限制老人的行動 （3）老人突然暈倒了，身上感知型發射器可發出緊急求救訊號 （4）大門指紋辨系統容易被駭客入侵	（2）
(　　)11. 以下哪一個項目是智能電表最大的效益？ （1）先進科技的展現　（2）省電 （3）改變消費者行為　（4）培養公民道德	（3）
(　　)12. 以下哪一個項目是 Google 系統的通關密語？ （1）Ok Google　（2）Hi Google （3）Hellow Google　（4）Go Google	（1）
(　　)13. AI 是那一項科技技術的英文簡寫？ （1）機器人　（2）雲端資資料庫 （3）大數據　（4）人工智慧	（4）
(　　)14. 以下哪一個項目違反機器人三定律？ （1）機器人在任何情況下不可以傷害人類 （2）機器人必須完全服從人類指令 （3）機器人不可自作主張保護人類 （4）機器人必須保護自己	（3）
(　　)15. 超級電腦 Deep Blue（深藍）是哪一家公司開發的？ （1）IBM　（2）Microsoft （3）Google　（4）華為	（1）
(　　)16. 超級電腦 AlphaGo 是哪一家公司開發的？ （1）IBM　（2）Microsoft （3）Google　（4）華為	（3）

( )17. 有關於智慧機器人的敘述何者錯誤？ (4)

(1) 擁有龐大運算能力 (2) 具備情感
(3) 具有思考能力 (4) 具有學習能力

( )18. 有關於 MOOC 網站的敘述何者錯誤？ (4)

(1) 是免費課程 (2) 是開放式課程
(3) 全世界人都可使用 (4) 不須註冊即可使用

( )19. 有關於智慧居家的敘述何者正確？ (2)

(1) 捷運轉乘公車系統不同無法享受則扣
(2) 職棒迷可以在網路上觀看球賽並同時查詢球員資訊
(3) 台灣高速公路使用收費站繳費
(4) 學生聯網圖書館觀看哈利波特影片是違法的

( )20. 媽媽離開機場停車場以悠遊卡感應繳費，然後走 2 高回家，以 e-Tag 自動繳費，結合了哪 3 種技術？ (1)

(1) 電子錢包、支付系統、物聯網
(2) 行動商務、支付系統、物聯網
(3) 電了錢包、公共服務、物聯網
(4) 電子錢包、支付系統、智慧導航系統

( )21. 目前智慧居家產品普及率偏低的原因為何？ (4)

(1) 不夠方便 (2) 價格太貴
(3) 系統整合度差 (4) 以上皆是

( )22. 網際網路發展初期的泡沫化主要原因為何？ (3)

(1) 技術不成熟 (2) 網路不發達
(3) 缺乏成熟獲利模式 (4) 電腦普及率不高

( )23. 以下何者不是使用智慧居家產品的好處？ (1)

(1) 產品價格低 (2) 操作方便
(3) 智慧監控 (4) 智慧維修

( )24. 智慧居家產品的優點中，哪一個項目對於家中有老人、小孩的家庭效益最高？ (3)

(1) 智慧操作 (2) 智慧節能
(3) 智慧監控 (4) 智慧維修

(　　)25. MOOC（磨課師）是採用哪一種方式學習？ (3)

(1) 實體課堂教室　(2) 遠距函授課程
(3) 線上影片課程　(4) 以上皆是

(　　)26. 以下對 AlphaGo 的敘述何者是錯誤的？ (4)

(1) 套用人類思考模式　(2) 比人的思考速度快
(3) 不會遺漏任何細節　(4) 具有創新思考能力

(　　27. 2016 年 Google 開發的 AlphaGo 與韓國圍棋高手李世石對弈，最後結果為何？ (1)

(1) AlphaGo 壓倒性優勝　(2) 李世石壓倒性優勝
(3) AlphaGo 略勝一籌　(4) 李世石略勝一籌

(　　28. 目前政府鼓勵的綠能能方案中，在家中裝設太陽光電發電系統，多餘的電力如何處理？ (2)

(1) 賣給隔壁　(2) 賣給電廠
(3) 以電池儲存　(4) 浪費掉

(　　)29. 家中裝設智能電表的最大好處？ (3)

(1) 節省電力　(2) 遙控開關電器產品
(3) 享受離峰時段用電優惠　(4) 善盡國際公民義務

(　　)30. 以下何者不是智慧家電的 3 個 I 之一？ (4)

(1) Internet　(2) Information
(3) Imtelligent　(4) Impossible

CHAPTER

2

物聯網系統

本章內容

2.1 Internet 的演進

第 1 代：Internet Of Computer

Internet 台灣翻譯為「網際網路」，大陸翻譯為「互聯網」，雖然大陸常有一些爆笑的翻譯，但很顯然的，將 Internet 翻譯為「互聯網」是較為恰當的。

註記

湯姆克魯斯主演的 TOP GUN 台灣翻譯：捍衛戰士，大陸翻譯：好大的一把槍。

肯德基在門口貼海報：「We do chicken right！」，大陸翻譯：「我們作雞是對的！」。

每一部電腦、每一部周邊裝備都有一個 IP（Internet Protocol 網路身分識別），在網路上所有連上線的電腦或裝置都可以透過 IP 找到另一部電腦或裝置，所有的電腦或裝置都可以互相連結，因此稱為「互聯網」最貼近 Internet 的功用。

在網路發展的過程中，透過 WAN（Wide Area Network 廣域網路），首先作洲際連結，再進一步作國際連結，更進一步作城市連結，連結點多為大型主機。

不斷地鋪設網路線，增加網路的覆蓋密度，應用 Internet 的組織也逐漸的延伸：軍事單位 → 學術研究 → 政府部門。

緊接著 MAN（Metropolitan Area Network 都會網路）、LAN（Local Area Network 區域網路）接續登場，LAN 將鄰近 100 公尺內的網路串連起來，更進一步加大網路的覆蓋密度，企業透過 LAN 就可以將總部辦公室所有電腦串連起來，學校透過 LAN 也將校內所有電腦串接起來，社區也透過 LAN 讓所有家庭的電腦都能連上 Internet，從此個人電腦成為家家必備的「家電」商品，所有學校都開設電腦課程，使用電腦由專業技能變成為生活技能。

主要終端設備	電腦、周邊設備
主要網路連線	實體網路纜線：同軸電纜、光纖
主要效益	演算力、周邊設備、資料分享

第 2 代：Internet Of People

電腦不容易移動，因此商務應用受到極大的限制，必須回到辦公桌，才能使用電腦，因此終端設備朝向輕薄短小發展，從此終端設備成為人手一台的基本配備：

- 筆記電腦：NB
- 平板電腦：Tablet
- 個人秘書：PDA
- 智慧手機：Smartphone

說明

◆ NB：NoteBook 筆記型電腦。

◆ PDA：Personal Data Assistant 個人數位助理。

在實體網路線的限制之下，終端設備還是無法隨時隨地連接上網，因此網路技術發展重點朝向無線通訊，市場上群雄爭霸，各家大廠都推出自家獨特的標準與技術，技術問題解決了，卻產生不同標準裝備間的連線問題。

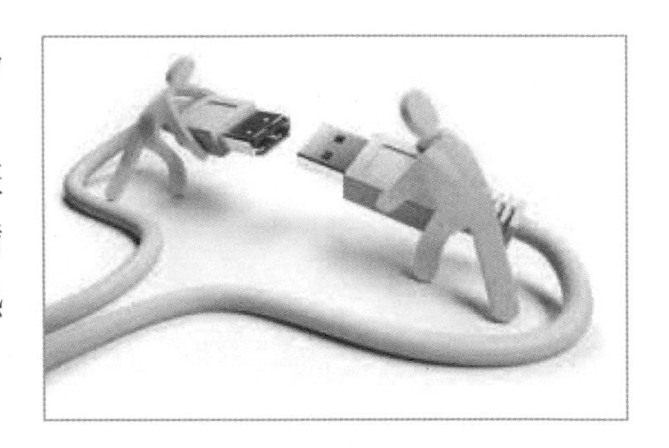

1997 年電機電子工程師學會（簡稱 IEEE）為無線區域網路制訂了第一個標準 IEEE 802.11，這個標準也成為最通用的無線網路標準，整個產業有了共同的標準，不同廠牌通訊設備都可串接，從此無線區域網路正式邁入成熟發展的階段。

終端設備的輕量化、無線區域網路的成熟、功能強大的社群軟體 APP，這 3 個關鍵因素讓所有人隨時隨地都可連接上網，所有人被串接起來了，把人串起來能做什麼呢？

☑ 人多口雜

第一件事當然是聊天、資訊分享，skype、LINE、Facebook、Twitter、WeChat、Instagram 等通訊社群軟體崛起，每一個人 24 小時都掛在網路上。

☑ 人潮帶來錢潮

當人們被綁架到網路上之後，當然是利用人潮帶來錢潮，電子商務、網路行銷、線上購物、電子錢包、…，各式各樣商業應用如雨後春筍般推陳出新。

主要終端設備	NB、平板、手機
主要網路連線	無線區域網路
主要效益	資訊分享、人際關係無限延伸、網路行銷、電子商務盛行

說明

◆ **Wi-Fi**：是一個普及並平價的技術，不論是手機、筆記型電腦、平板電腦甚至相機皆內建 Wi-Fi 裝置，上網速度快且穩定，但任何的技術皆有它的限制，Wi-Fi 技術本質就屬於定點使用、傳輸距離約 150 公尺、訊號會隨距離衰減、無法在高速環境下使用、物體的穿透性較低等特性。

◆ **3G**：第 3 代無線行動通訊技術。

◆ **Wi-Fi 與 3G 的比較**：

	Wi-Fi	3G
最大傳輸速率	300 Mbps	70 Mbps
傳輸距離	100 公尺	3 ～ 12 公里
優點	建置成本低、電磁波低	可進行移動式數據傳輸

第 3 代：Internet Of Things

Internet Of Things 就是讓所有的物體都能串接起來，都能連上網路，意義何在？效益何在？

最簡單的應用就是讓家中的電器產品（例如：冷氣、電鍋、咖啡機、…），都具備網路連線功能，那麼透過手機就可遙控家中所有電器產品。

所有的物體？衣服、商品、車輛、土地…，這些物體連上網能產生什麼效益呢？列表如下：

聯網物件	物聯網效益
衣服	蒐集並傳送：心跳、血壓、體溫等資訊，可隨時監控身體健康狀態。
商品	以 RFID 傳送商品資訊，大幅提高倉儲、盤點自動化。
車輛	傳遞車輛的行進方向、目的地，接收附近交通號誌與其他車輛傳過來的訊息，可防止汽車碰撞，建議最佳行車路線。
土地	偵測並傳送環境訊息，以達到自動化控制溫度、濕度。

所有物體連網之後，物體的資訊可以上傳至雲端（CLOUD），所有的資訊形成巨量資料庫（BIG DATA），對於消費者行為分析、產品行銷策略、產品效能改進、…都能提供完整資訊，透過資料探勘（DATA MINING）與人工智慧技術，更可開發出許多未知的商業模式。

主要終端設備	所有物體
主要網路連線	短距離低功率無線通訊
主要效益	自動化、智慧化產品整合、雲端資料庫、創新商業模式

2.2 物聯網對產業的影響

物聯網必然是今後 10 年最 hot 的話題，更會是整體產業的發展方向！幾乎所有的產業都會向物聯網靠攏，真有這麼神嗎？我們就從實務面來探討。

何謂物聯網呢？說文解字就是將所有的物體連結起來的網路系統，將所有的物體連結起來有什麼意義呢？能提高作業效率嗎？能創新商業模式嗎？我們就以生活中最常接觸的 4 大產業作初步的探討：

交通運輸業

☑ 特徵

車輛、交通控制中心、環境、行人可以相互通訊。

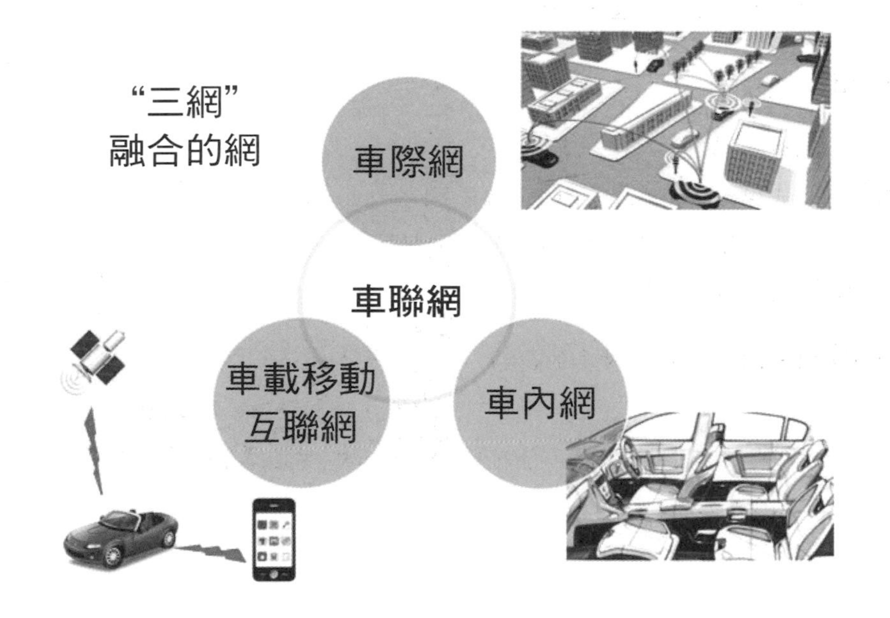

☑ 車內網：車輛零件之間連線

- 胎壓異常偵測
- 車內溫度自動調節
- 引擎溫度異常偵測

車際網：車對車、車對交通號誌連線

車對車連線

- 互相傳遞車輛行進資訊，避免碰撞。

車與交通控制中心連線

- 車輛可自動調節車速，達到節能、省時。
- 交通控制中心可調整交通號誌時間，使車流更順暢。
- 根據聯線路況資訊作最佳行車路線規劃。

車載移動互聯網：車輛與所有物件連線

車輛與行人連線

行進路徑相同的車輛與行人可以配對，車輛行進途中沿途載客，達到共享經濟，兼具節能、大眾運輸的功能。

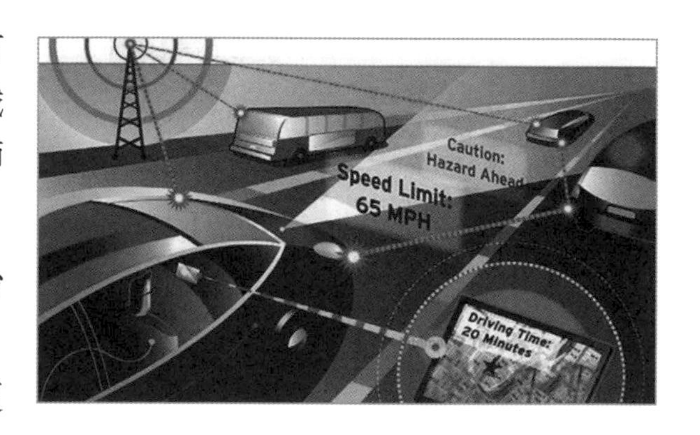

車上所有電子裝備與網路平台連線

所有智慧型電子裝備的版本更新直接透過網路下載即可。

產業變革

由於車輛的通訊與智慧化，汽車上的零件將會有超過 70% 是電子、通訊零件，共享經濟運行下，車輛應用率提高，車輛數減少，車輛購買將轉變為車輛租賃，今日的 U-BIKE（公用腳踏車）將延伸為 U-MOTOR（公用摩托車）、U-CAR（公用汽車），加入無人駕駛技術後，將演變為無人 U-CAR，由於飛行器的技術快速進步與改進路面交通瓶頸的需求，無人 U-CAR 又會演進出無人 U-PLANE。

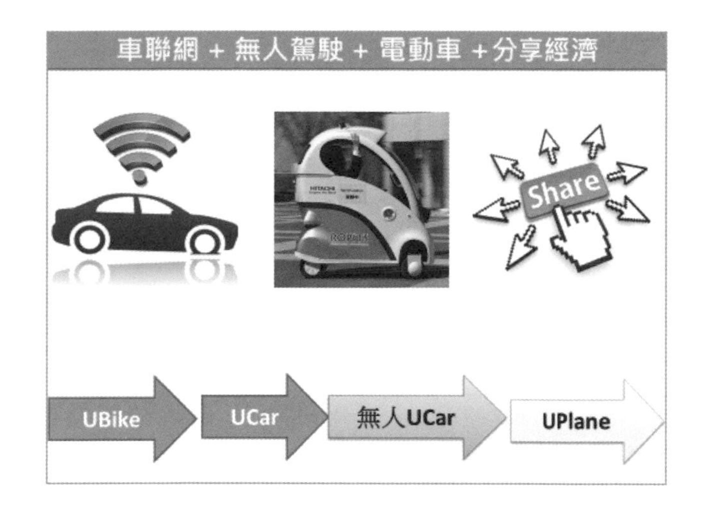

產物保險業

☑ 特徵

雲端資料庫接收人、車、物體的監控資訊。

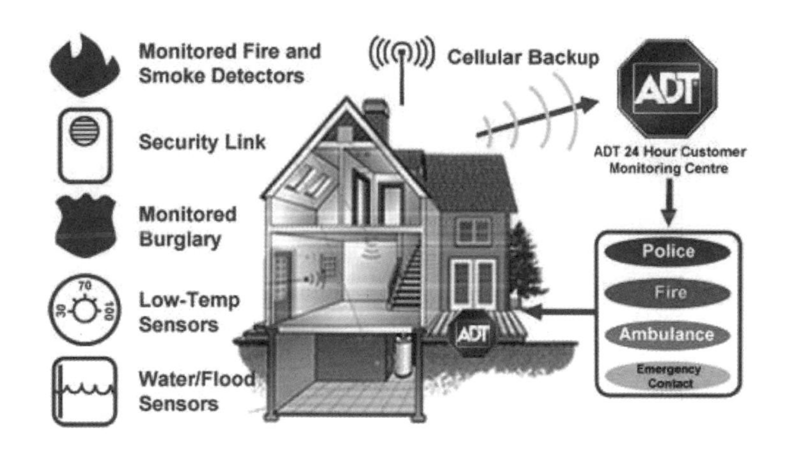

☑ 監測行為

- 車輛運行的訊息都上傳到雲端，包括駕駛人的開車習慣、開車時間。
- 房屋、工廠都裝設各式監測系統，大幅降低竊盜、火災的損失。
  車輛都裝置 GPS 定位系統，大幅降低竊盜發生。

產業變革

- 車輛在車聯網的輔助下，將會大幅降低肇事率。
- 由於行車資訊的取得，汽車保險的費率計算將產生重大變革，原本保險費率是根據：地區、性別、年齡、車齡，這個不合理計算方式，將會改變為根據：駕駛習慣、行車時間長短。

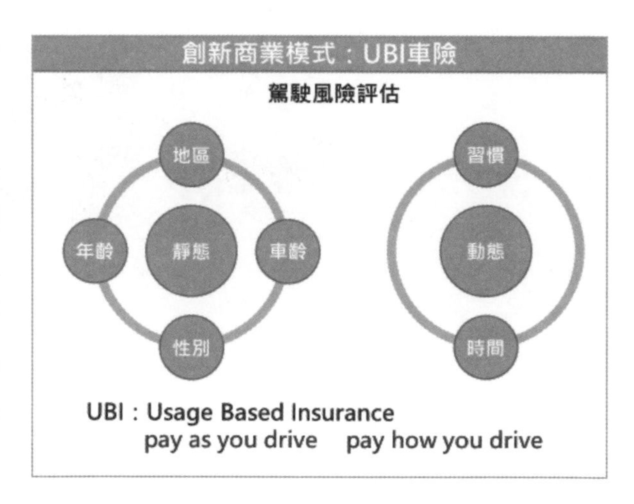

人壽保險業

特徵

人的身體資訊受到即時監控。

監測行為

透過穿戴裝置，身體監控資訊隨時上傳雲端，將可產生以下好處：

- 透過即時監控系統，突發死亡機率大幅降低。
- 長期監控生理資訊，有助於及早發現慢性疾病。
- 社區照護、遠端醫療可提高醫療照護品質，降低醫療費用。

☑ 產業變革

在良好的監控情況下，預防醫療行為會大幅增長，意外死亡的機率更會大幅降低，在良好的醫療體制下，人的平均壽命不斷延長，人的退休年齡將會延後，人壽保險的保費計算方式、理賠方式、投保內容勢必產生重大變革。

零售業

☑ 特徵

消費者、商店、服務站都可互相發送接收訊息。

☑ 效益

- 商店對附近行人發出產品、服務優惠方案。
- 消費者進入商店，商店辨識消費者身分，透過雲端資料庫，分析消費行為，推薦適當商品、服務。
- 網站記錄消費者瀏覽網頁行為，分析消費者的喜好，提升網路商品廣告的有效性。

☑ 產業變革

由於消費資訊蒐集的自動化，資料庫所提供的差異化行銷將取代大眾行銷，商品資訊自動化將大幅弱化營業員的功能，線上虛擬行銷 + 線下實體購物 OTO（On-Line To Off-Line 線上到線下）的虛實整合商業模式將會成為主流。

2.3 物聯網架構

由上面的討論我們可以確認，物聯網的發展已經跟我們的生活密不可分，但物聯網是如何運作呢？關鍵技術又是什麼呢？

物聯網的運作架構與人體運作相似，同樣分為 3 層，對照分析如下：

人體	
知覺器官：蒐集環境訊息	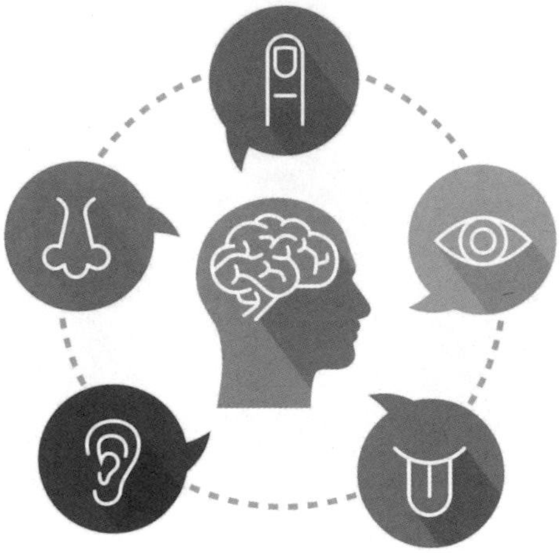
神經系統：將訊息傳送至腦部	
大腦：對訊息作出處理、判斷、決策	

物聯網	
感知層：（如同人類的耳、鼻、眼）	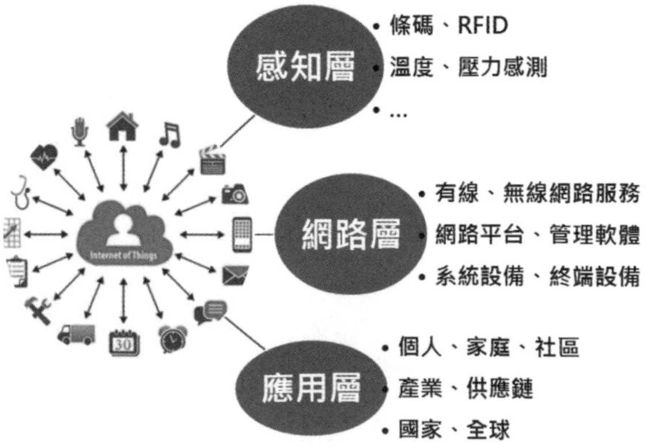 感知層：• 條碼、RFID • 溫度、壓力感測 • ...
網路層：（如同人類的神經系統）	網路層：• 有線、無線網路服務 • 網路平台、管理軟體 • 系統設備、終端設備
應用層：（如同人類的大腦）	應用層：• 個人、家庭、社區 • 產業、供應鏈 • 國家、全球

感知層

用來識別、感測與控制末端物體的各種狀態資訊，再透過感測網路通訊模組，將這些資訊傳遞至網路層。

感測區域網路講求低頻寬、低功耗，以及擴充支援上千萬個感測節點等特性，因而需要在網際網路之外，另外制定感測網路的通訊協定，目前主流的無線感測網路標準包括 RFID、ZigBee、藍牙與 Wi-Fi 等。

目前感測網路技術雖有：有線、無線 2 種選擇，但隨著無線網路的頻寬與穩定度提升，企業在布建末端的感測網路時，會優先選擇無線網路，藉此減少初期布線成本、日後維運成本，並且能夠快速擴充感測網路的範圍，不必受限於實體線路。

網路層

網路層如同人體的中樞神經一般，扮演感測層與應用層中間的橋梁，負責將分散於四面八方的感測資訊集中轉換與傳遞至應用層。

根據物聯網的規模與所在環境的差異，網路層的類型可能為一般企業的內部網路，或是電信業者的廣域（外部）網路，也可能同時涵蓋內外網。

應用層

物聯網搜集的資訊若只是用在單一領域其效用不大，但透過應用系統串連與整合數據資料，就能形成巨量雲端資料庫，巨量資料的分析與應用將對我們產生以下影響：

- **個體生活：**家庭及個人的食、衣、住、行、育、樂需求。
- **產業影響：**工業、農業、醫療、學習，及企業 / 政府治理所需的環境監控、交通管理、資源管理。
- **創新模式：**舉凡能想到的項目或是還沒想到的應用。

2.4 物聯網的無線通訊

物聯網要將萬物連結起來，因此最基本的技術就網路連結，第 1 代 Internet、第 2 代 Internet 已經將中距離、遠距離的網路通訊建置的非常完整，技術也相當成熟了，第 3 代 Internet 所需要聚焦的便是短距離無線通訊技術。

網路建置模式

網路的建置，依據連線的遠近距離，大略可分為四種模式：

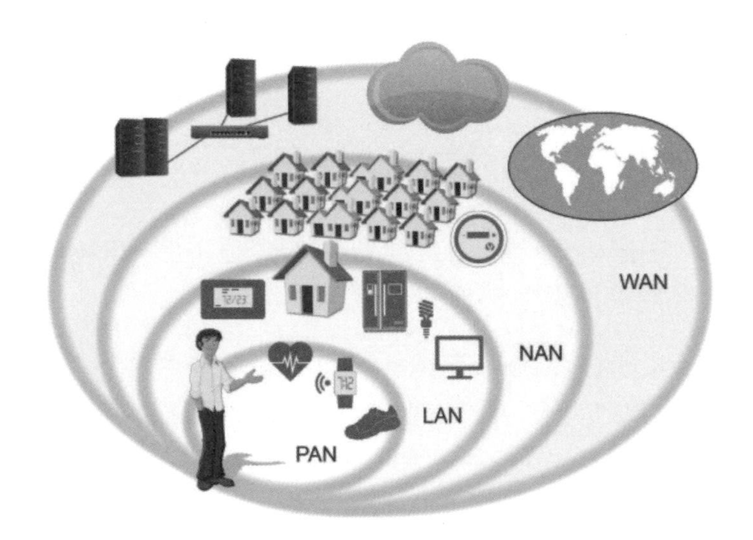

- **WAN：廣域網路 Wide Area Network**

  跨接很大的地理範圍，從幾十公里到幾千公里，它能連線多個地區、城市和國家，或橫跨幾個洲並能提供遠距離通訊，形成國際性的遠端網路。

- **NAN：鄰近網路 Neighborhood Area Network**

  NAN 是由無線區域網路（WLAN）所衍伸出來，讓一般的用戶可以很簡單的連上 Internet，連線半徑超過 0.5 英里。

- **LAN：區域網路 Local Area Network**

  覆蓋局部區域約為 100 米，如辦公室、樓層、工廠的電腦網路。

  早期的區域網路網路技術都是各不同廠家所專有，互不相容。電機電子工程師學會推動了 IEEE 802 區域網路技術標準化。使得在建設區域網路時可以選用不同廠家的裝置，並能保證其相容性。

- PAN：個人網路 Personal Area Network

  個人裝備（例如：電腦、手機、平板）之間的資料傳送的網路。

短距無線通訊節點連結方式

在物聯網結構下，擔負物物相連重責大任的便是短距無線通訊，網路中各節點的連結方式主要為以下 2 種：

☑ 星狀連結

將所有裝置連接到一個中心節點裝置，而該中心節點可以連線到網際網路。

- **範例：**個人裝備：連線到手機
  家電裝備：連線到電視

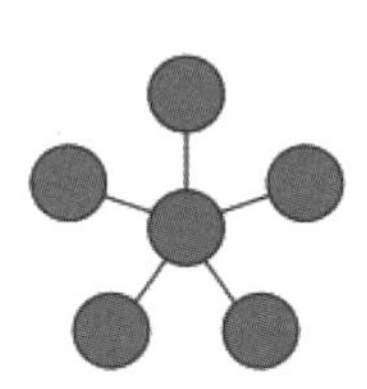

- **優點：**結構簡單，應用單純、成本低。
- **缺點：**中央裝置故障，很可能造成所有裝置也無法使用。

☑ 網狀連結

每個節點都可以跟其他多個節點連接，並彼此協助連線，即使一個裝置正在忙碌或沒有發生作用，另外一個裝置也可以補上。

- **範例：**軍事用途多採用網狀連結，確保不會全面癱瘓。
- **優點：**節點間互相支援，效率高。
- **缺點：**設計比較複雜，成本較高。

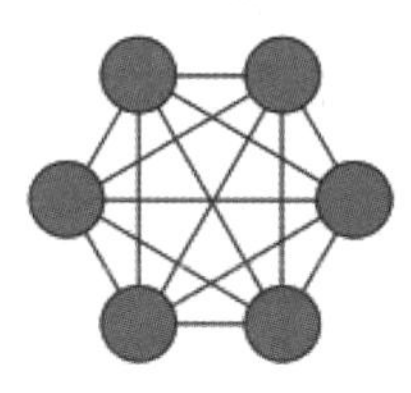

產業發展週期

每一項產品、產業的發展基本上都會歷經以下 3 個時期：

☑ 百家爭鳴

技術的開發在整個產業發展中是相對簡單的，各廠家投入時間、人力、資金。

範例：智慧型手機發展初期，Nokia、黑莓機、hTC 都曾一度成為市場霸主。

三強鼎立

經過市場淘汰後，就形成寡佔的三國鼎立局面，能留在市場上的必然是擁有雄厚資源的大廠，或是獲得大廠的資金挹注者，誰也不會認輸的。

範例：智慧手機兩大陣營 → Apple、Android
個人電腦兩大陣營 → Apple、Windows

產業整合

有些研究單位、學術單位、公益團體為了產業的發展，就會跳出來作技術標準的整合，讓不同的廠牌、標準、規格都可以相容，整個產業進入成熟期，產品普及率放量增長。

目前物聯網的無線通訊也進入到產業整合期，最大挑戰就是讓不同的廠商設備都能夠彼此連線，許多組織或聯盟也正在進行連線標準的整合，以保證設備彼此之間的相容性能夠提高，以加速物聯網的發展。

無線通訊技術標準

連線標準 IEEE 802

電機電子工程師學會（簡稱 IEEE）於 1997 年為無線區域網路制訂了第一個標準 IEEE 802，這個標準也成為最通用的無線網路標準：

- **802.11：** 催生 Wi-Fi，版本的更新讓 Wi-Fi 能有更進步的速度
- **802.15.4：** 定義「無線個人網路 WPAN」連線標準
  其中包括：ZigBee、6LoWPAN、WirelessHART
- **802.15.1：** 推出藍牙

IEEE 802 可說是短距離無線通訊的共主，也是一百公尺戰爭中的主要競爭者。

Wi-Fi

以 IEEE 802.11X 標準發展出的最主要技術，由 Wi-Fi 聯盟所推動，最早 Wi-Fi 就是要與網路連結而發展出來的技術，因此 Wi-Fi 同時也包含著 TCP/IP 協議，因此也需要使用 TCP/IP 協議才能夠連接。

由於筆記型電腦、智慧型手機、平板電腦的等行動裝置的盛行，Wi-Fi 也因此得以發展成熟。

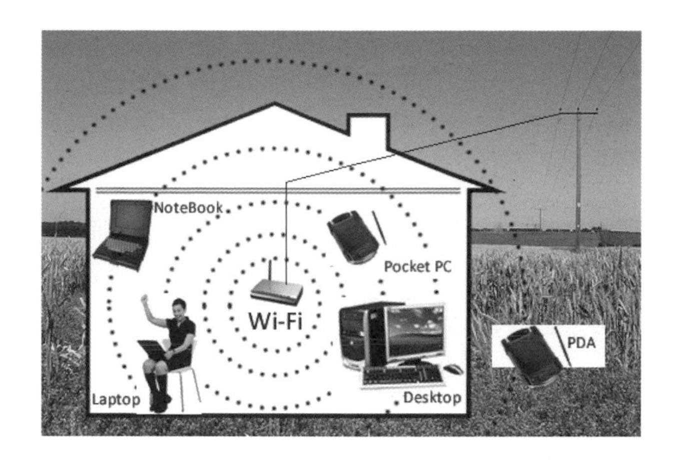

Wi-Fi 主要是以星狀拓樸結構為主，高功率的 Wi-Fi 通常足以涵蓋一般家庭的公寓大小，而在企業或辦公室的區域中，通常會佈置多台 Wi-Fi 以增加覆蓋率，Wi-Fi 基地台可說是目前讓物聯網設備連線到網路上最方便的選擇，下圖便是 2 層式豪宅的 Wi-Fi 配置圖：

Wi-Fi 的傳輸速率遠高於其他無線傳輸技術，但由於需要包含 TCP/IP 協議的標準，因此通訊設備必須包含 MCU（微控制器：Microcontroller Unit）與大量的記憶體，筆記型電腦、智慧型手機自然是輕鬆達到 Wi-Fi 的需求，但對於不需要大量運算的物聯網設備（例如：自動恆溫器或家電）來說，使用 Wi-Fi 連線的成本就相對過高。

Wi-Fi 能連接的裝置數目也是一大優勢，許多 Wi-Fi 的基地台宣稱可以同時連接 250 個設備，企業級的基地台可以擁有更大的連接數據，就連消費型的 Wi-Fi 基地台都可以有接近 50 個裝置連接的水準，因此在整個物聯網時代中，WI-FI 很難成為完全標準，但作為整個家庭的連線節點或中繼站卻是很棒的選擇。

藍牙

藍牙技術是易利信於 1994 所發展，定位為「個人區域網路」，獲得其他業界公司支援合組「藍牙技術聯盟」。

藍牙技術聯盟與 IEEE 達成協議，在 2001 年正式列入 IEEE 802.15.1 標準，此後該標準就由藍牙技術聯盟所發展，因為列入了 IEEE 標準，藍牙迅速獲得了各家廠牌的支持。此後藍牙幾乎成為所有手機必備的標準。

最早藍牙主要是用於短距離的通訊，功耗遠比 Wi-Fi 還低，同時也有一定的數據傳輸量，現今藍牙主要是以點對點傳輸為主，並針對一對一連線最佳化，在 2010 年推出的藍牙 4.0 綜合協定規範讓藍牙 4.0 向下相容。

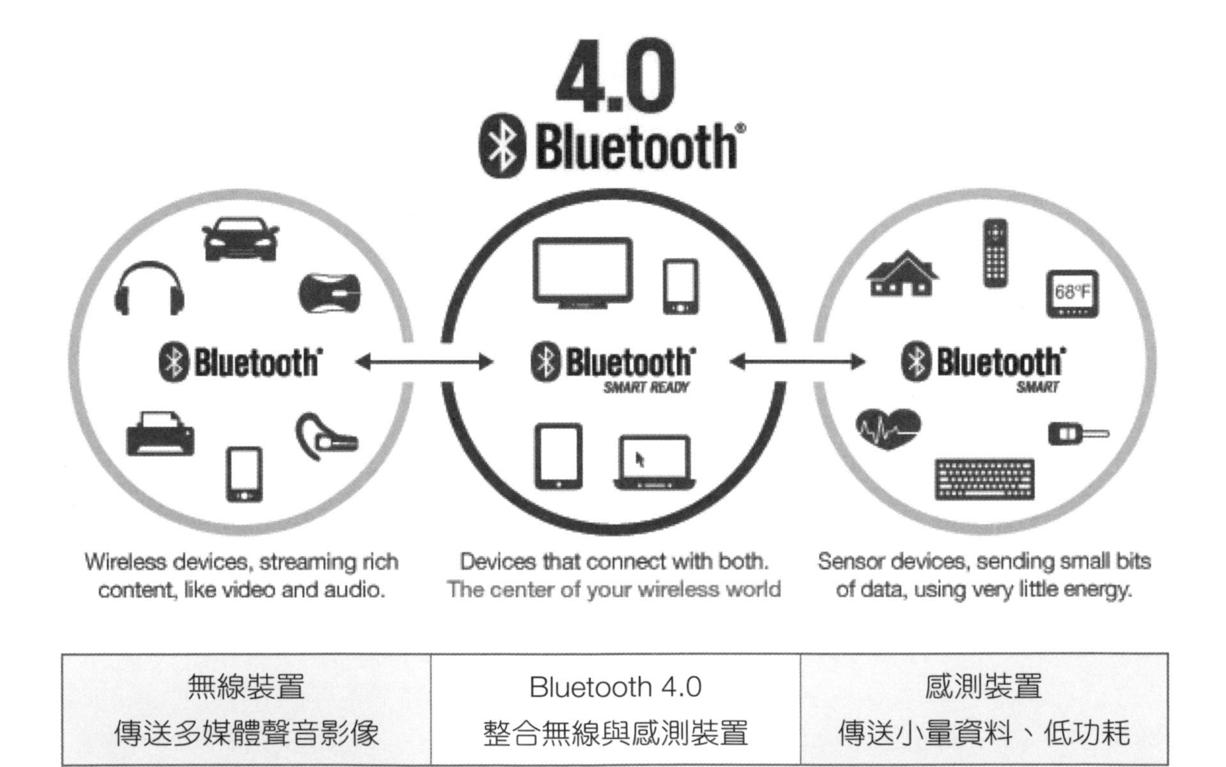

無線裝置 傳送多媒體聲音影像	Bluetooth 4.0 整合無線與感測裝置	感測裝置 傳送小量資料、低功耗

低功耗藍牙也讓藍牙能夠再應用於更多智慧型裝置，除了智慧型手機與平板電腦以外，也涵蓋了健康，遊戲、汽車的新應用，甚至可以提供地理位置與地標的基礎功能，以藍牙目前的市場覆蓋率來說，它很有機會成為物聯網時代的無線通訊霸主。

ZigBee

ZigBee 聯盟的公司有三星、西門子、德州儀器、摩托羅拉、三菱、飛利浦。

ZigBee 在 2001 年被納入 IEEE 802.15.4 標準中，是一種低傳輸、低功耗、低成本的技術。

ZigBee 的長時間休眠功能與省電能力令人讚嘆，只要一顆鈕扣電池就可以使用年餘，因此也有 ZigBee 設備是採用無電池模式，只需要一些能量採集科技就能供應足夠的電力。

說明

Zigbee：源於蜜蜂的八字舞，蜜蜂（bee）是通過飛翔和「嗡嗡」（zig）抖動翅膀的「舞蹈」來與同伴傳遞花粉所在方位訊息。

物聯網無線通訊技術的開發準則

物聯網的成敗關鍵在於普及率，必須讓大多數的物體都連上網，才能產生商業效益，因此無線通訊技術在物聯網發展中，扮演著決定性的關鍵角色，以下幾個基本要素是物聯網無線技術發展必須達到的基本要求。

低成本

成本過高將會使許多低階商品無法應用物聯網技術。

例如：若條碼的成本過高，條碼必然不會普及，今日的倉儲盤點必然還是人工作業，若 RFID 的成本過高，將永遠無法取代條碼，倉儲管理也只會是半自動。

低功耗

有很多物體是不適合插電的，例如經常被移動的日常用品、書籍、…等，因此必須搭載電池或讓物體本身可以收集能量，因此必須低功耗，才能讓電力維持更長久。

進入門檻低

必須要讓裝置輕易連結裝置或網際網路。

安全性

所有物體都連上網路，也就意味著外界的駭客可藉網路惡意操控物體，因此需要認證與加密來確保資訊安全。

多樣支援性

要能夠支援各種作業系統，例如連線到 iOS、Android、Windows，或是 PC、Mac 甚至 Linux 等系統，更多樣化的支援，也會讓整個物聯網系統更加方便。

IP 化的差異

物聯網就是希望所有的設備都能連線到網際網路上，若設備是使用 TCP/IP 通訊協議，例如：筆記型電腦，透過閘道器就能輕易地將裝備連上網際網路。

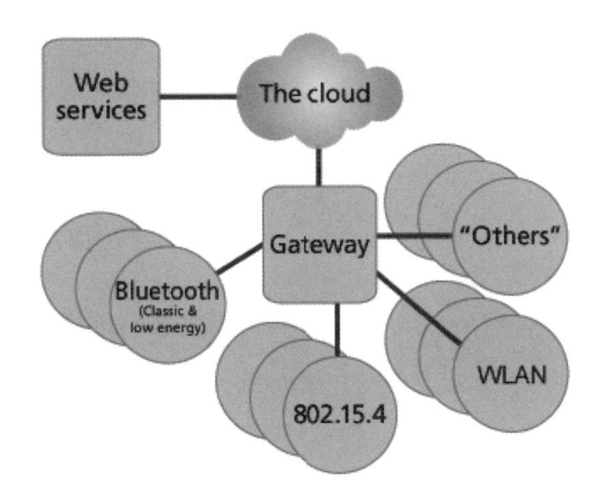

對於不透過 TCP/IP 的協議的設備，例如：保全警報器，想要讓警報器通過 TCP/IP 協議連線，就需要規格較高的處理器，相對成本提高，耗費功率提高，這是不符合經濟效益的。

為了降低成本及提高傳輸效率，許多廠商投入開發不透過 TCP/IP 連線協議的獨特無線通訊。

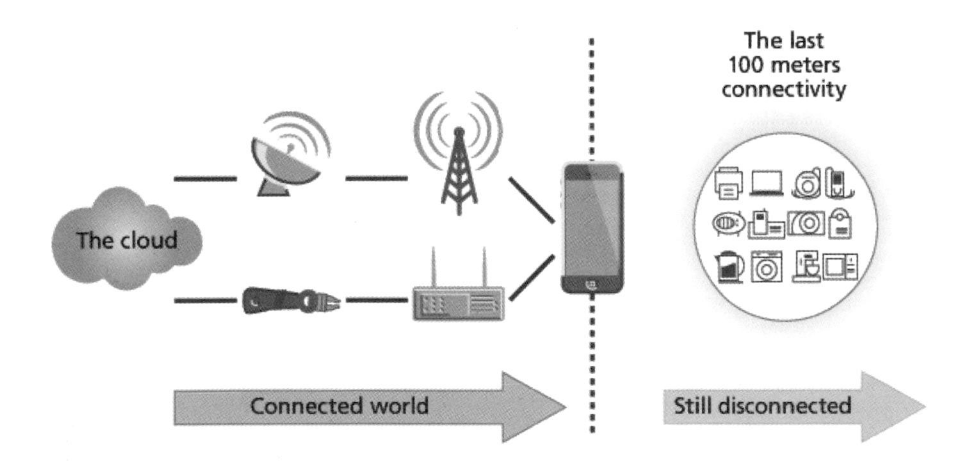

2.5 感測器

網路連線是為了傳送資訊，資訊如何取得呢？用什麼東西取的資訊呢？我們稱取得資訊的裝備為感測器。

古老的感測器

感測器的應用非常廣泛，即使在沒有網路的時代，感測器就已經悄悄進入我們的生活，但都是半自動，多半使用機械、物理、光學原理：

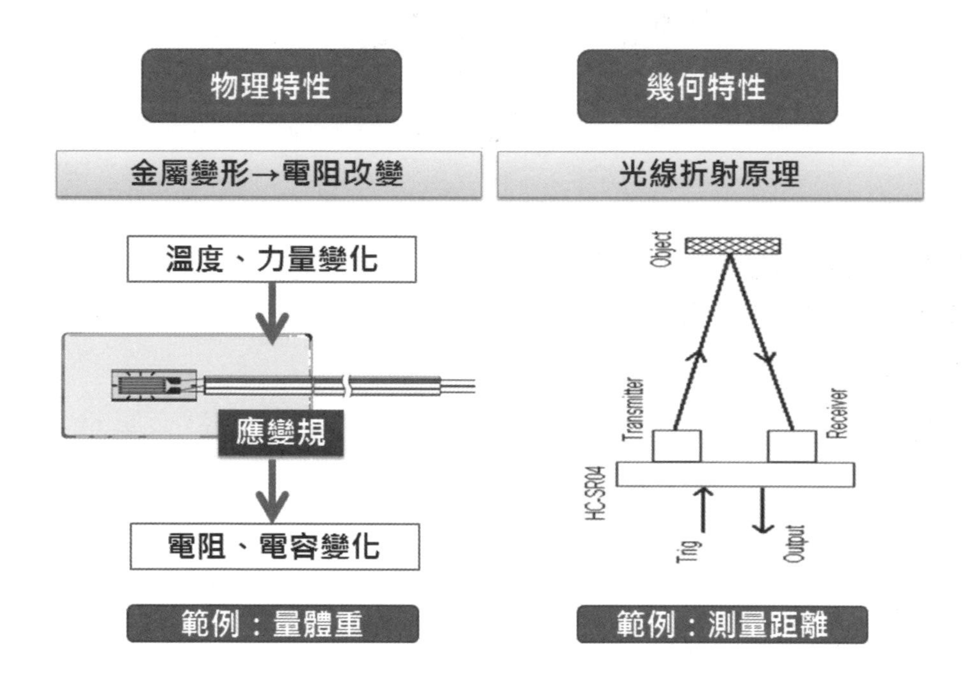

舉例如下：

- 感冒上醫院第一件事就是量體溫，水銀體溫計就是一種感測器，感測身體的溫度，利用水銀熱脹冷縮的物理原理感測溫度。

  問題：水銀體溫計必須直接接觸身體必須用眼睛讀取數據…

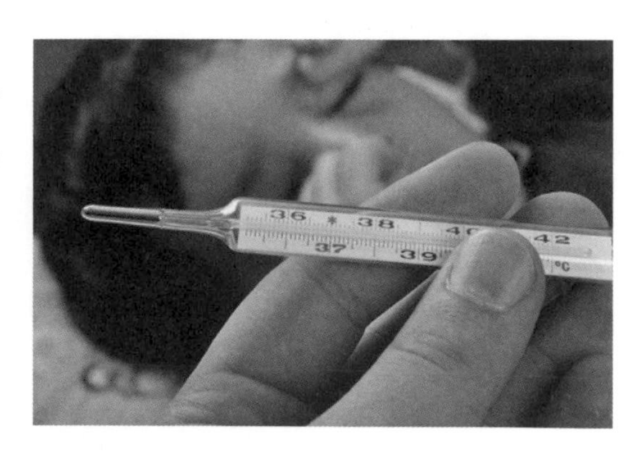

- 馬桶水箱注入水之後，連桿上的浮球會隨著水位不斷升起，滿水位時止水閥就會關閉注水口，這是利用機械原理來感測水位。

  問題：可以自動注水卻無法自動沖水，沖水量不能分大小，無法達到節水功能。

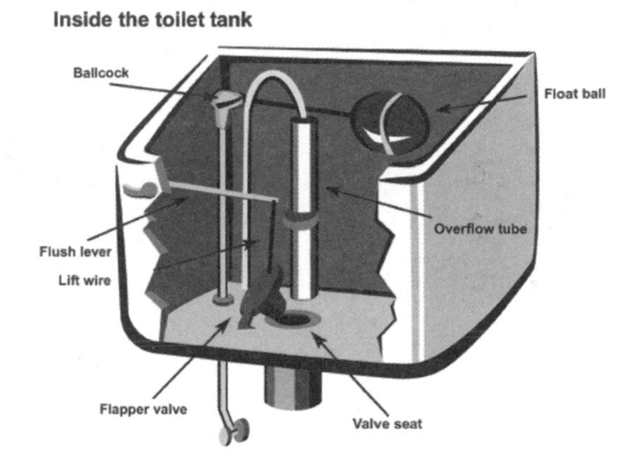

現代的感測器

目前感測器大量應用於各種全自動裝備上，舉例如下表：

應用：變頻冷氣機 偵測：環境溫度 / 濕度	應用：防盜感應式照明 偵測：光線變化	應用：運動手環 偵測：加速度
應用：免治馬桶 偵測：力道	應用：倒車偵測系統 偵測：距離	應用：人臉辨識 偵測：影像

應用：體感遊戲 偵測：肢體動作	應用：手臂投影 偵測：手指動作
	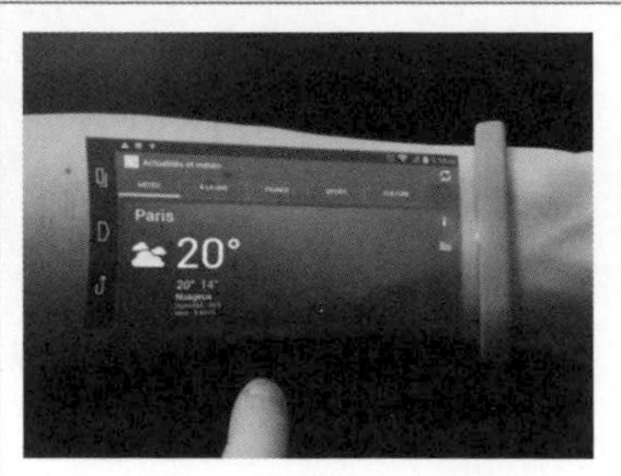

目前自動化裝備都是利用感測器可來達到：全自動化、智慧化，例如：

- 防盜感應裝置偵測光線變化，自動啟動照明設備。
- 冷氣機利用紅外線感應室內人的位置、溫度，自動調整風速、風向、溫度。
- 水耕蔬菜工廠，利用感測器偵測並控制環境的：溫度、濕度、亮度。

無線感測器硬體架構

感應器（Sensor）從早期的類比式到近年的數位式，對於光線、熱量、溫度、濕度、壓力、磁力、電場、機械、化學等環境，都能做極細微且精準的感測與數據採集；同時其數據傳輸方式，也從原本有線連接進展成無線傳輸的設計。

無線感測器硬體架構：

- **微控制器（Micro Controller Unit；MCU）**

  CPU 內嵌小量記憶體以存放小型的韌體 OS 與軟體，負責數據採集與運算。

- **電力供應單元（Power Unit）**

  一般使用：網路電力線、鋰電池、太陽能、壓電開關、環境能源採集設計。

說明

- **網路電力線（Power Over Ethernet）**：利用乙太網路同時傳送電力與資料。
- **壓電開關**：藉由物體的變形，將機械能轉換為電能。
- **環境能源採集**：由大自然環境取得電力，例如：太陽能、風能、熱能⋯

- **感測單元：**

  像是包含光線、溫度、濕度、壓力、磁力、振動、電流等的變化。

- **無線射頻單元（RF Transceiver）：**

  通常應用到像是 RFID 支援低功耗的無線電傳輸，傳遞到感測中繼站彙集後，才轉以較高速率的 Wi-Fi、或 3G/3.5G 方式傳送到中央伺服器。

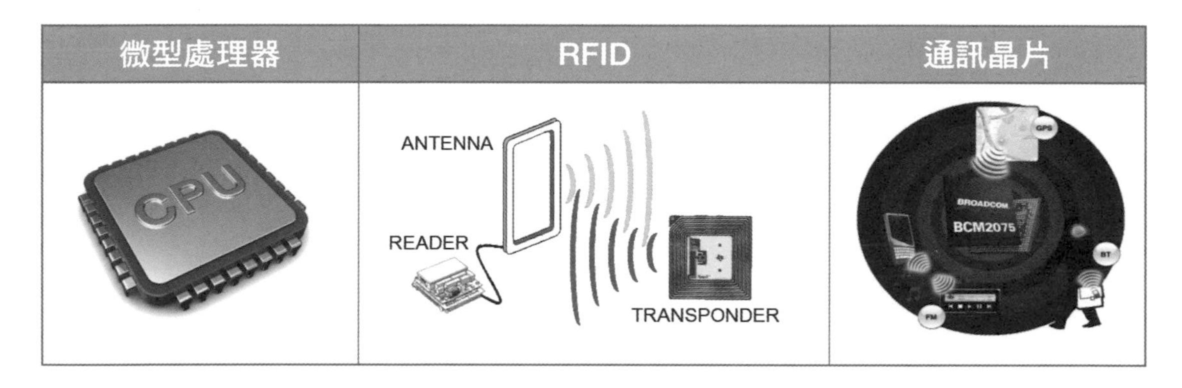

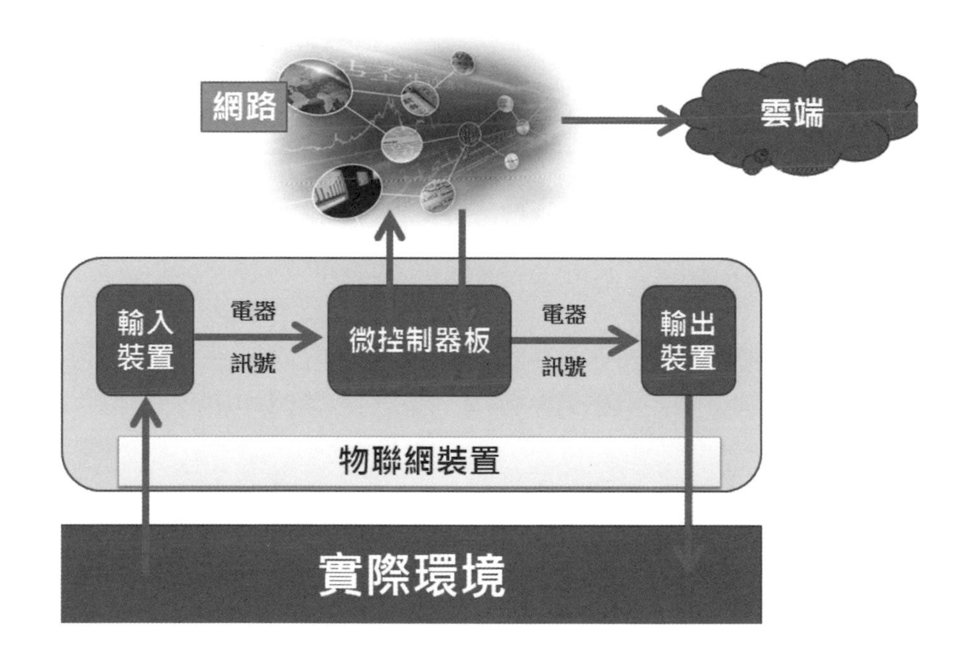

2.6 雲端資料庫 & 人工智慧

金錢存取的演進史：

古代人：習慣把錢放身上、放家裡、埋地下，因為怕錢莊倒了。

近代人：把錢都存在銀行，因為 Any-time、Any-where 都可存取，很方便。

現代人：拿著信用卡、儲值卡、悠遊卡…，到處刷過來刷過去，帶錢很麻煩。

未來人：拿著一隻手機，錢就在網路銀行上轉來轉去，貨幣不見了。

資料存取的演進史：

古代人：習慣把資料存放硬碟、軟碟、隨身碟，因為怕資料被盜取了。

近代人：把資料都存伺服器中，因為 Any-time、Any-where 都可存取，很方便。

現代人：透過 Internet 系統、一部行動裝置：NB、iPad、iPhone，任何地方都是行動辦公室。

未來人：透過物聯網系統，所有的物件隨時都在接收、傳遞訊息，雲端的巨量資料透過人工智慧強大的計算效能，產生多元的資訊，更創造出新的商業模式。

時代一定是往前推進的，進步必然帶來改變！改變所帶來未知的未來卻會讓多數人不安、恐懼！因此不斷產生疑慮的聲音，舉例如下：

- **雪山隧道：**通車前，有人還信誓旦旦說太危險了絕對不走雪山隧道，現在每個周末大塞車，大家還是要去擠雪山隧道，因為「方便」。
- **台北捷運：**超過 10 年施工期怨聲四起，現在捷運沿線房價大漲，雖然嫌貴還是選擇買捷運宅，因為「方便」。
- **高速鐵路：**通車之前一樣是謠言四起，現在所有商務人士南、北洽公幾乎都搭高鐵，還是因為「方便」。

物聯網的時代確定來臨了！儘管還有許多保守人士不斷提出疑問…，但時代進步了，生活便利了，習慣了，就回不去了！

舉一個生活小例子，以個人看影片這件事來比較看看時代演進的差別：

行為	從前	現在
租片	營業時間前往影視中心	隨時、隨地上網
還片	營業時間前往影視中心	不用
費用	租金 + 超時罰金	無
工具	放影機 + 電視	任何行動裝置
選片	劇照、口碑、老闆推薦	網上評點、推薦
觀賞時間	避開其他家庭成員佔用電視	隨時、隨地
影片選擇	只有熱門片	全世界各種題材

由上面的比較可知，實體影視中心被網路影音取代完全沒有爭議，隨著網路頻寬不斷加大 2G → 3G → 4G…，網路伺服器功能不斷提升，網路影音提供絕對的便利性之後，實體影視中心就消失了。

但全部免費的情況下，哪一家廠商願意燒錢提供服務呢？免費服務創造網路流量，人潮可以創造錢潮，藉由記錄網友瀏覽網頁的行為，分析網友的消費偏好，進而提供有效的廣告、促銷方案，這便是廠商的獲利模式。

由於科技進步，行動裝置普及，多數人同時擁有 PC、智慧手機、筆電、iPad，雲端資料庫是完整收集網友瀏覽記錄的唯一解決方案，要由巨量資料中抽絲剝繭，分析出個別消費者的偏好，更有賴於強大的人工智慧。

新/知/補/給/站　羊毛出在狗身上，豬來買單

★案例 1

Nest Labs 與電力公司 Electric Ireland 達成協議，只要民眾和該電廠簽署兩年合約，就可以獲得免費的 Nest 溫控器，讓原本售價為 250 美元的溫控器變成 0 元。本來由民眾買單的 Nest 溫控器硬體改由電力公司買單，而電力公司則享有 Nest 使用者的用電大數據，Nest 溫控器的價值從硬體轉移到資料上。

★案例 2

奇異公司在波音 787 飛機的 GEnX 引擎中裝設感測器，記錄每次飛行數據，藉此提前一個月預知飛機引擎需要維修，準確率高達 70%，減少飛機突然故障的問題。

★案例 3

智慧車商 Tesla 則透過 OTA（on-the-air）線上軟體升級，直接修復有問題的汽車，車主不需用跑維修廠。

2.7 習題

(　　) 1. 對於 Internet 的敘述何者錯誤？ (3)

（1）台灣翻譯為網際網路
（2）大陸翻譯為互聯網
（3）每一部電腦都必須有一個 POP 作為網路身分辨識
（4）網路上所有電腦都可以互相連結

(　　) 2. 以下選項中，網路涵蓋區域範圍大小的排列順序何者是正確的？ (3)

（1）LAN > MAN > WAN　（2）MAN > WLAN > LAN
（3）WAN > MAN > LAN　（4）WAN > LAN > MAN

(　　) 3. 以下哪一種網路用來連結企業總部所有電腦最為恰當？ (1)

（1）LAN　（2）MAN　（3）WAN　（4）PAN

(　　) 4. 有關於 IEEE 802.11 的敘述何者錯誤？ (4)

（1）是由電機電子工程學會制定
（2）是產業界第一個共同標準
（3）透過這個標準不同廠牌通訊設備可以相連
（4）是官方制定標準，業界不採用

(　　) 5. 以下何者不是第 2 代 Intrenet Of People 把人串起來的成功關鍵之一？ (3)

（1）終端設備輕量化　（2）無線區域網路的成熟
（3）聊天可提升工作效率　（4）功能強大的社群軟體

(　　) 6. 有關於 Wi-Fi 無線傳輸技術的敘述，何者錯誤？ (2)

（1）傳輸距離約 150M　（2）可以在高速環境下使用
（3）物體穿透力低　（4）建置成本低

(　　) 7. 有關於 3G 無線傳輸技術的敘述，何者錯誤？ (3)

（1）可進行遠距離傳輸　（2）可以在高速環境下使用
（3）傳輸速率比 Wi-Fi 高　（4）建置成本較 Wi-Fi 高

(　　) 8. 以下哪一個項目不是 Internet Of Things 的主要效益？ (4)

（1）雲端資料庫　（2）商業創新模式
（3）智慧化產品整合　（4）專利對抗

(　)	9. 以下關於 Internet 的演進順序哪一個項目是正確的？ A.Internet Of People B.Internet Of Things C.Internet Of Computer （1）A → B → C　（2）C → B → A （3）B → C → A　（4）C → A → B	（4）
(　)	10. 以下哪一個項目不是 Internet Of People 的主要效益？ （1）人際關係延伸　（2）商業詐騙 （3）人潮就是錢潮　（4）資訊分享	（2）
(　)	11. 以下哪一個項目不是 Internet Of People 的代表軟體？ （1）Yahoo　（2）Facebook （3）WeChat　（4）Line	（1）
(　)	12. 以下哪一個項目是 Internet Of Things 的主要網路連線方式？ （1）短距離、低功率　（2）長距離、低功率 （3）段距離、高功率　（4）長距離、高功率	（1）
(　)	13. 以下何者不是車聯網帶來的好處？ （1）車流更順暢 （2）降低車禍發生率 （3）行人可低頭打電玩不會被車撞 （4）最佳行車線路規劃	（3）
(　)	14. 以下哪一個項目是物聯網對產物保險業所產生最直接的影響？ （1）創新理賠方式　（2）創新保費計價方式 （3）創新投保內容　（4）創新行銷通路	（2）
(　)	15. 以下哪一個項目不是物聯網對人壽保險業所產生的影響？ （1）平均壽命將會延長　（2）退休年齡延後 （3）突發死亡機率降低　（4）解決高齡化問題	（4）
(　)	16. 以下哪一個項目對於「物聯網對零售業所產生影響」的敘述是錯誤的？ （1）差異行銷將取代大眾行銷 （2）營業員的功能將被弱化 （3）雲端資料庫將對行銷產生重大影響 （4）線下實體商店將被線上虛擬商店所取代	（4）

( )17. 以下哪一個項目對於「物聯網運作架構」的敘述是錯誤的？ (2)

(1) 感知層就如同人的耳、鼻、眼
(2) 行動層就如同人的四肢
(3) 應用層就如同人的大腦
(4) 網路層就如同人的神經系統

( )18. 以下哪一個項目對於「物聯網運作架構」的敘述是錯誤的？ (3)

(1) 感知層：感測與控制末端物體的各種狀態
(2) 網路層：扮演感測層與應用層中間的橋梁
(3) 行動層：物聯網的實際執行單元
(4) 應用層：串連與整合數據資料

( )19. 以下哪一個項目是第 3 代 Internet 所要聚焦的通訊技術？ (1)

(1) 短距離無線通訊 (2) 短距離有線通訊
(3) 長距離無線通訊 (4) 長距離有線通訊

( )20. 以下哪一種網路建置架構是電機電子工程學會所推動的 IEEE 802 技術標準化？ (1)

(1) LAN (2) WAN
(3) PAN (4) NAN

( )21. 以下有關於短距離無限通訊的敘述何者錯誤？ (3)

(1) 星狀連結的結構簡單、成本低
(2) 網路連節系統複雜、成本高
(3) 星狀連結的中央裝置故障也不會造成系統癱瘓
(4) 網路連節較適合軍方使用

( )22. 以下哪一個項目不是產業發展週期之一？ (2)

(1) 百家爭鳴 (2) 爾虞我詐
(3) 三強鼎立 (4) 產業整合

( )23. 以下哪一個單位為無線區域網路制訂了第一個標準？ (2)

(1) 機械同業公會 (2) 電機電子工程學會
(3) 無線網路發展學會 (4) 物聯網推動聯盟

(　　)24. 以下哪一個對於 Wi-Fi 的敘述是錯誤的？ (1)

(1) Wi-Fi 主要是以網路拓樸結構為主
(2) 高功率的 Wi-Fi 通常足以涵蓋一般家庭的公寓大小
(3) 企業或辦公室的區域中，通常會佈置多台 Wi-Fi
(4) Wi-Fi 是目前物聯網設備連線最方便的選擇

(　　)25. 以下哪一個對於 Wi-Fi 的敘述是錯誤的？ (3)

(1) Wi-Fi 的傳輸速率遠高於其他無線傳輸技術
(2) Wi-Fi 需要包含 TCP/IP 協議的標準
(3) Wi-Fi 連線的成本就相對較低
(4) Wi-Fi 能連接的裝置數目是一大優勢

(　　)26. 以下哪一個對於藍牙的敘述是錯誤的？ (2)

(1) 定位為「個人區域網路」
(2) Google 所研發的技術
(3) 藍牙主要是以點對點傳輸為主
(4) 藍牙 4.0 有機會成為物聯網的無線通訊霸主

(　　)27. 以下哪一個項目是 ZigBee 最主要的特色？ (3)

(1) 傳輸速度快　(2) 傳輸資料量大
(3) 低功耗　(4) 低成本

(　　)28. 以下哪一個項目對於「物聯網無線通訊技術開發準則」的敘述是錯誤的？ (4)

(1) 成本過高將會使許多低階商品無法應用物聯網技術
(2) 有很多物體是不適合插電，因此必須低功耗
(3) 需要認證與加密來確保資訊安全
(4) 多樣支援性將導致駭客攻擊

(　　)29. 水銀體溫計就是一種感測器，他是採用哪一種感測原理？ (1)

(1) 物理特性 (2) 幾何特性 (3) 光學特性 (4) 機械特性

(　　)30. 以下對於物聯網所產生影響的敘述何者是錯誤的？ (1)

(1) 造成娛樂事業的蕭條
(2) 消費者免費享受影片、音樂
(3) 產生創新商業模式
(4) 讓生活更便利了

CHAPTER

3

醫療、照護、健檢、運動產業

本章內容

醫療是健康守護最後一道防線，運動→健檢→照護→醫療是一個環環相扣的因果循環：

- **多運動：**健康狀況維持良好。
- **勤健檢：**早期發現問題，病症輕、醫療程序簡單。
- **強照護：**降低病情惡化或各種併發症發生機率。

 3.1 台灣在醫療照護產業的競爭優勢

一個產業的發展必須有先天的條件再加上後天的努力，每一個國家在不同的資源限制下採取不同發展策略，並選擇不同的重點發展產業，各國政府都會充分利用各種行政資源：法規、獎勵、補貼、稅制…，來培植自己的重點產業。

台灣產業發展第一個世代是以高雄加工出口區為代表，成功打造「紡織王國」，第二個世代是以新竹科學園區為代表，成功打造「電子製造」產業，筆者認為台灣第三個世代的產業發展將以「醫療照護」為主軸，而台灣已經在這個產業默默耕耘了幾十年，因此在醫療照護產業的基礎上絕對是得天獨厚，我們將由以下 3 個主題來進行探討。

全民健保

全民健保在台灣已經實施超過 20 年，醫療體系架構非常完整，公、私立醫療單位與社福團體的協同運作也非常成熟，社區照護體系也逐漸成形，全體國民對於醫療資源的使用觀念更有大幅度的進步，在吵鬧聲中，全民健保又成為另一項台灣之光。

台灣在各種產業發展上是人口小國，但對於醫療照護產業來說卻是人口大國！

說明

全民健康保險，自民國 84 年正式施行後至今已邁入第二十個年頭，其宗旨亦從最初的「消弭因病而貧」轉為「體現全民健康」。現今台灣的醫療保險制度早已成為各國欲效法的佳傳，更體現了聯合國國際衛生組織的願景：達成平等取得就醫資源、保障醫療服務品質，並且免除人民因病而破產的目標。

人口紅利

對於一般產業而言，出生率高、人口增長稱為人口紅利，台灣由於產業轉型不順利，造成產業外移，廠商大量外移加上外資投資不振，台灣經濟發展停滯 20 年，年輕人的薪資也停滯不動，缺乏經濟後盾的情況下，生小孩變成是一件奢侈的事，因此產生了嚴重的少子化問題，相繼而來的更是老年人口比例的增加，對於醫療照護產業而言，高齡化反而成為人口紅利。

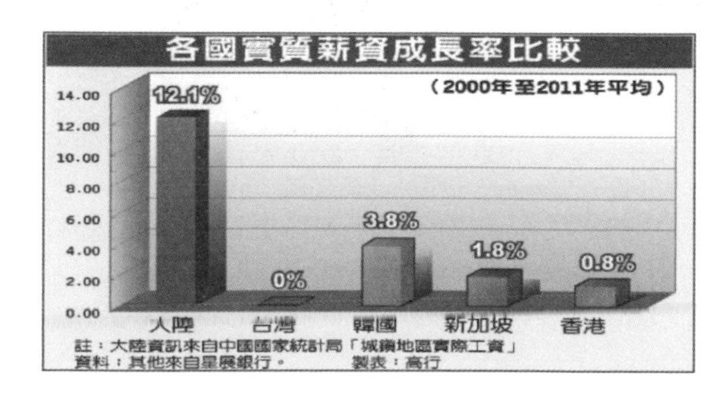

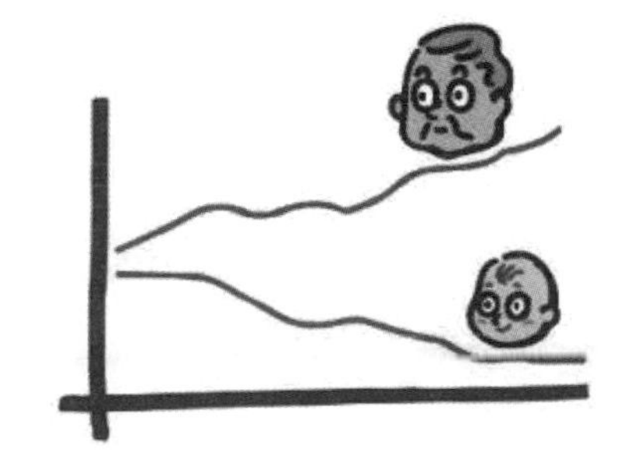

根據統計資料，台灣已淪為全世界總和生育率最低的國家，中小學不斷減班、降低班級學生人數，流浪教師甚至形成社會問題。

醫療科技發達的結果就是人的壽命普遍的延長了，公園裡 80 歲以上的老人隨處可見。

少子化加上高齡化造成人力結構嚴重失衡，更將產生惡性循環，年輕人無力照顧佔龐大人口比例的高齡人口，並導致社會保險制度破產。

高齡化對國家與產業而言，是隱憂也是契機，令人擔憂的是日漸攀升的照護與勞動等社會成本，然而這與日俱增的成本也必將迫使各行各業加速轉型的腳步。未來隨著高齡族群占總人口比率的提升，其食、衣、住、行、育樂等基本需求所對應的產業與商品占整體消費之比重亦將與日俱增。未來的高齡市場是以全球為目標，後續衍生的龐大商機將對產業發展與經濟成長產生偌大貢獻。

紮實產業基礎

年輕人變少了，但醫療照護需求增加了，目前引進外勞政策只能解決短期問題，最後的解決方案勢必回到科技自動化，以物聯網穿戴裝置、監控系統、照護機器人、雲端醫療網來解決醫護人力不足的問題。

台灣早期經濟的命脈紡織業，如今已升級蛻變為高科技產業，成熟的紡織技術與創新的電子監控設備結合，開發出物聯網穿戴裝置，以自動化預防醫療來降低醫護人力的需求。

30 年的代工製造根基及人力成本不斷上升，讓台灣廠商投注於機器人研發與生產，鴻海集團更與日本軟銀合作開發照護型機器人，隨著人工智慧的不斷進步，以機器人來填補長期照護的人力缺口，絕對是主流的解決方案。

自動化產業

由於人力成本不斷上升，醫療、照護產業是一個勞力密集的產業，更需要仰賴自動化來解決人力需求問題，憑藉多年在電子、製造產業的根基，台灣的鴻海、華碩兩家企業也推出陪伴型機器人。

陪伴、照護機器人介紹如下：

☑ AIBO

AIBO 台灣翻譯為「愛寶」：是日本 SONY 新力公司於 1999 年首次推出的電子機器寵物，AIBO 搭配了人工智慧的科技，提供生活娛樂、陪伴就如同寵物一般。

AIBO 會像真狗一樣做出各種有趣的動作，它也能懂得分辨對它的稱呼和責備，也會自己學習，你要是和它相處久了，它會記得你的聲音、你的動作，還有你的容貌，知道你是「誰」，主人如果精於程式設計，還可以「訓練」它作一些新的動作，如撓癢解悶、搖尾乞憐、打滾撒嬌等等。

☑ ROMEO

Romeo 是日本軟體銀行開發，定位為醫療照護智慧機器人：

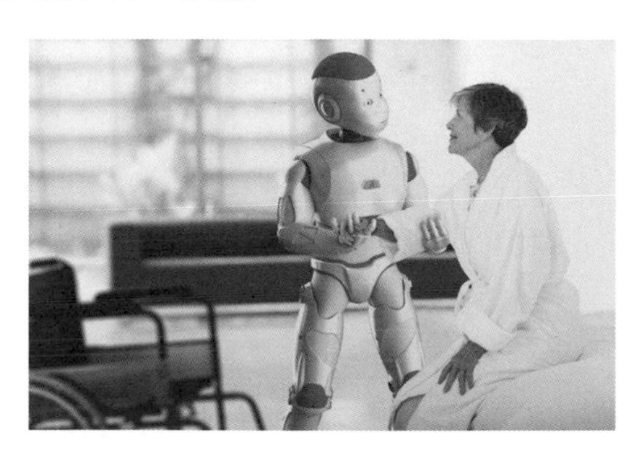

- 身高 146 公分、體重 40 公斤
- 有 37 個旋轉關節

可以執行的動作：

- 開門、扶起人、上下樓梯
- 幫忙拿桌子上的東西
- 視覺記憶可以幫忙記住物品的位置
- 監護老人家，在發生狀況時能及時通知緊急聯絡人

pepper

是一個會表達情緒的「類人型」機器人。由鴻海精密所製造。於 2014 年 6 月 5 日一個發布，基本款定價美金 $1,931。

Pepper 的目的是「讓人類幸福」，提高人們的生活，促進人際關係，在人們之間創造樂趣，並與外界聯繫。

Zenbo

國內首款智慧機器人，由華碩生產，主要鎖定居家生活應用，並特別為孩童及長者提供陪伴、學習和照護服務，它的應用分為 3 大類：

趣味學習小玩伴

將孩童最愛的「巧虎」家族整合進服務當中，陪伴孩子學習與互動。

聰明生活小幫手

網路購物、預約醫院掛號手續、24 小時計程車語音預約、音樂點播、聲控家中電器設備等服務。

貼心家庭小總管

警政署跨界合作打造「智慧居家安全聯防計畫」，讓 Zenbo 在家中發生危急狀況時能立即通報警方。

遠端照護

由於人口高度集中於都會區，醫療資源也自然的集中於大都市，對於 2、3 級城市或偏鄉而言，醫療資源顯然是不足的。

醫療行為可以分為以下幾個階段：

A. 監控 → B. 檢測 → C. 診斷 → D. 醫療

科技不發達的年代，人出了大問題才進醫院，直接進行 C. 診斷→ D. 醫療，因此治癒的比例偏低，隨著經濟條件改進，人們開始有健康、養生的概念，健康檢查的風氣也逐漸開展，因此醫療 A、B 階段的需求不斷增加。

低階的醫療行為需求增加了，這些業務並不需要一級醫學中心的醫療資源，因此發展二級的社區醫療網與三級的偏鄉醫療服務成為當務之急。

社區醫療、照護網

一個社會的進步程度並不是根據 GDP（國民生產毛額），更不是根據都會區的高樓大廈，而是根據人民的幸福指數，具體的作為便是「老吾老以及人之老、幼吾幼以及人之幼」。

台灣已步入高齡化社會，優質的老人照護將可大幅降低日後的醫療需求，老人照護又可區分為幾個不同層次：

☑ 心理照護

每天有事做、有活動、有被需要的感覺、有親朋好友的關心，這些都是健康的元素。心理健康了，身體疾病自然少了，具體作法建議如下：

老人園：

如同小孩的幼稚園一般，老人白天可以去老人園跟同齡的老人共同學習、遊戲，有事做、有人聊天可延緩老化現象。

- **老人服務站：**

  提供老人康樂活動、基本健診器材，讓老人白天有一個活動的場所，並時時監控身體健康情況。

新/知/補/給/站

進步的都市

有大陸上海的觀光客來台灣旅遊，行程結束後到非常失望，台北的高樓大廈遠遠不如上海，也有很多台灣人跑去上海旅遊，回來後會說：「上海好進步喔！」，是嗎！

請仔細觀察…，台北市、台北人 30 年有什麼變化：

★ 不會隨地吐痰、吐檳榔汁、丟垃圾
★ 隨口：請、謝謝、對不起
★ 公共場所禁菸、說話音量降低
★ 排隊、禮讓、人情味、愛心
★ 家庭汙水排放處理、環境保護
★ 尊重生命、性別平等、族群融合

目前台灣經濟發展的停頓或許讓多數人感到迷惘，但參考歐洲、美國、日本的產業發展歷史，政治、經濟轉型的陣痛是必經的過程，從貧窮到富有、從專制到民主，一切發生太快了！國民、社會、國家都需要調整。

經過 30 年的學校教育、社會運動，台灣已不再是田僑仔、暴發戶，而是一個逐步邁向富而有禮的進步、文明社會的國家。

社區義工服務：

尚有活動能力的老人應鼓勵多參加義工活動，例如：醫院義工、戶政事務所義工、學校交通導護…等等，具體的參與公共事務便不會與社會脫節，對於心裡健康有很大的幫助。

身體照護

對於缺乏行動力的長者應提供到府照護服務，但是完全仰賴政府財務支出提供人力支援，是一種濫情且無法永續經營的做法，具體作法建議如下：

義工存摺：

台灣是個人情味十足的地方，捐血救人的活動在台灣推廣的非常成功，退休人員加入義工的行業也非踴躍，奉獻的同時也在享受被社會需要的感覺，對於付出奉獻的義工的身心健康都有極大的幫助，將這一股善的力量做為社區營造的要素，就如同義工存摺，達到「老吾老以及人之老、幼吾幼以及人之幼」的良性永續循環。

世代交流互助計畫：

芬蘭首都赫爾辛基政府推出創新老人照護服務方案：「允許年輕人低價租賃養老院公寓，前提是要陪老人聊天。」，每周陪伴老人 3 到 5 小時，就能以 250 歐元的價格租賃一間市場價約為約 600 歐元的房間，想要申請的年輕人無需具備護理經驗，這是一個三贏的政策：

- 解決年輕人無法負擔市區高租金的問題。
- 能給老人帶來多樣化的休閒生活。
- 讓申請這個項目的年輕人有看待生活的獨特角度。

政府的創意

台灣的年輕人在景氣低迷的時候就卯起來考公職，因為大家都認為：「公務員有保障」，哪一種人需要保障？缺乏信心、能力的人！因此在台灣「公務人員」是一句罵人的話！連政府也帶頭指控公務員是罔顧世代正義貪婪的肥貓！

「台灣的公務人員真的肥嗎？」，這是一個假命題！真正的問題是「台灣的第一流人才不會進入公務體系」，因為公務員的薪資一點都不高，公務員的職業尊嚴更是低！二流的人才 + 三流的法規設計，讓所有公務人員不可能有創意。

上面芬蘭的案例我們可以分幾個層次來探討：

A. 台灣的公務人員會有這種創意嗎？

B. 這種創意會被長官採納嗎？

C. 執行時會不會質變為圖利特定團體？

新加坡政府廉潔程度、政府效能在世界排名都是頂尖的，一樣是亞洲人文化，為何和台灣的差異如此之大！新加坡總理李顯龍在國會大聲捍衛公務人員的高薪資，他說：「一流的薪資 → 一流的人才」，形成良性循環，一流人才創造一流經濟、一流薪資。

反觀台灣的惡性循環，因為經濟差，所以將領高薪的人全部拉下來，全國人都低薪就達到公平了，用香蕉只能聘到猴子，22K 噩夢永不甦醒！台灣的現況印證了一句俗語：「你不要嫌我憨慢，我也不嫌你的薪水低」。

偏鄉醫療服務

年輕人不願到偏鄉服務，因為缺少發展機會，政府資源不願投入偏鄉，因為選票貢獻不大，所以偏鄉醫療的問題無法透過道德勸說來改進，更無法透過執政良心來解決，唯一的希望還是必須寄託於科技化、自動化。

由於醫療院所規模與設施的不足，重大病症都需要長途跋涉到本島作：診斷、醫療、術後追蹤，這裡牽涉到 2 個問題：

A. **經濟效益**

交通成本、時間成本、親人陪同成本、…，偏鄉窮人真的是沒資格生病。

B. **時間的即時性**

翻山越嶺、水路交通，遇到緊急狀態即使送到本島也來不及了，即使有空勤後送服務，也會遭遇天候問題，因此還是治標不治本。

由於物聯網的低價化、普及化，解決偏鄉醫療問題開始有了可行的解決方案，慢性病的追蹤、問診可以透過遠端醫療系統解決，可以紓解醫護人力大量短缺的問題，患者也不用再舟車勞頓前往大型醫院，唯一尚待解決的是急症患者的緊急後送問題。

俗語說：「預防重於治療」，重大病症、急症大多由於平日疏於關心身體健康所致，遠端醫療的普及化，將可落實平日健康監控，大幅將低重症、急症的發生率，藉由監控數據的追蹤，提早發覺健康問題、及早就診，避免轉變為重症、急症，因此物聯網所帶來的遠端醫療系統為整個偏鄉醫療問題提供了可行的改善方案。

新/知/補/給/站 **自動化導致失業率提升**

教科書、報章雜誌、八卦評論…，都說科技自動化可以大幅提升生產效益，同時也取代人類的工作，造成失業率，根據這種論點，工業革命前應該是沒有失業率的，歐美先進國家的失業率應該是遠高於未開發國家，但事實呢？工業之都的德國是全歐洲經濟、就業的模範生，全世界創意中心的美國，生產製造業大幅外移的美國扮演著全世界經濟火車頭角色。

經濟學開宗明義就說：「經濟學就是研究以有限的資源，滿足人類無窮的慾望」，有限資源的環境限制不會改變，人類無窮的慾望更是一天天的成長，這是拜科技自動化之賜。取代人類的工作只是個「結果」，原因是生活條件改進後，人們不願意再從事英文版的 3D 或日文版的 3K 工作：

3D：

Dangerous 危險、

Dirty 骯髒、

Difficult 困難

3K：

Kiken きけん 危險、

Kitanai きたない 骯髒 、

Kitsui きつい 辛苦

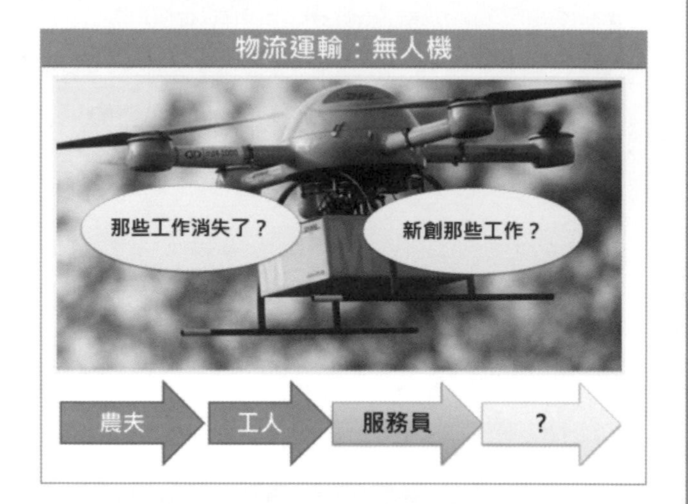

人們不願意作 3D 工作了，因此 3D 工作的成本提高了！企業為了生存競爭因此引進自動化生產設備，來解決生產力不足的問題，有人說台灣產業外移因此失業率提高，但產業界又不斷高聲疾呼要求政府開放外勞，每天傍晚垃圾車音樂響起時，街頭巷尾的景象彷彿是穿越到了東南亞，印傭、菲傭、越傭…，一群群的外傭利用短暫的倒垃圾時間，與同鄉聊天話家常，外籍勞工扛起了台灣大多數的 3D 工作，今天的台灣若沒有外籍看護工，台灣的老人可以有人推出去曬太陽嗎？

作者很肯定地說：「台灣沒有失業問題！科技自動化也不會造成高失業率！」，高失業率問題在於：

★教育政策錯誤

廣設大學錯置教育資源，論文研究掛帥偏廢技職教育，追求量化教學研究成果扭曲教育本質。

★職業教育表象化

技職體系幾乎是不教「技術」，因為校園內幾乎沒有「師傅」，為什麼？因為教育政策錯誤！

★產業政策的錯誤

一味追求短期經濟成長，忽視長期產業升級與政策的擬定，政黨輪替也只是沉淪於爛蘋果的選擇。

3.3 醫療、照護、保健創新商品

幼兒照護商品

產品 01：尿溼監控

嬰兒只會哭不會說，因此照顧嬰兒很累，每天尿尿、屁屁應該是最頻繁的工作，在尿布中植入偵測晶片，感應尿片的尿溼程度，發出訊號傳入手機中，手機就會提醒爸媽換尿布，免除了換尿布太頻繁或忘了換尿布引起尿布疹問題。

產品 02：尿液成份分析

古時候的神醫會以觀察排泄物作為診斷的依據，現代的神醫可以透過感測器分析排泄物的成分，進而監測、診斷人體的健康情況，應用在不會說話的幼兒身上更是一舉數得，在尿布中植入可以分析排泄物成分的晶片，並將收集的數據傳入雲端醫療網，長期監控便可有效管理嬰幼兒的健康狀況。

產品 03：幼兒監控鈕扣

「嬰幼兒睡著時是天使、醒來時是魔鬼」，24 小時的照護讓家長們體力透支，因此必須有效的利用嬰幼兒睡眠時間補充體力、放鬆心情，嬰兒監控鈕扣可以監測心跳、呼吸、哭聲，並將資訊傳送至手機，提醒小孩已經醒了！如此家長就可充分利用時間休息放鬆，迎接下一場戰鬥。

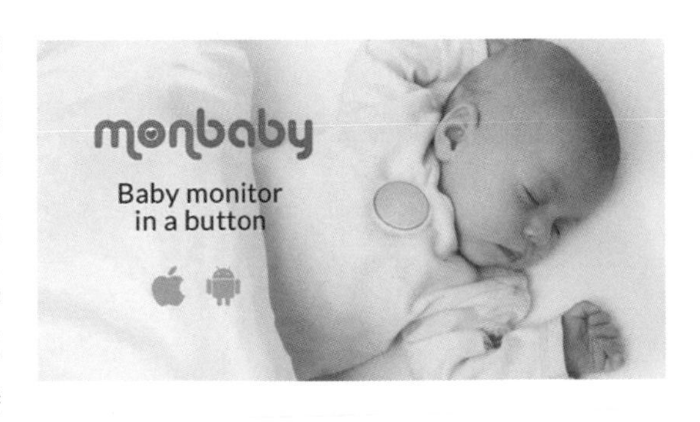

老年照護商品

☑ 產品 01：定位、呼救系統

尚未喪失行動能力的老年人比嬰幼兒的照護更為麻煩，因為有行動能力的老人會四處移動，由於身體健康問題隨時可能發生暈眩、昏倒…等緊急狀況，更可能因為帕森金氏症（俗稱：老年痴呆症）迷路無法回家，定位、呼救系統可以讓年長者在發生緊急狀況時自己按下緊急鈕呼救，或讓家人根據追蹤器訊號找到迷路的年長者，為老人照護作提供很棒的解決方案。

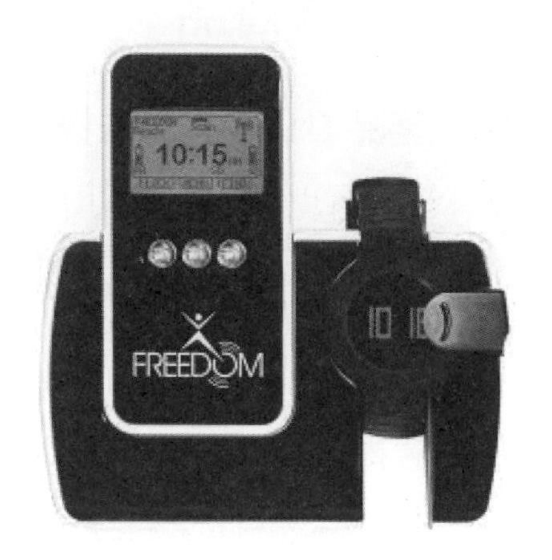

☑ 產品 02：老人照護智慧枕

『遠端居家老人照護智慧枕』是以幫助長期照護居家老人問題而產生的產品，在外籍看護良莠不齊情況下，子女在外擔心父母是否能獲得妥善照顧，而智慧枕結合網路攝影機，可看見影像並進行雙向語音；夜間老人若有活動異常狀況周邊人可即時緊急協助處理，避免寒冷的秋冬季節晚上發病造成遺憾，對於失能的老人，雖然行動不便但意識清楚，不需要按鈕只需點點頭就能呼叫表達，讓使用者透過簡易的動作辨識，使無法表達的長者有尊嚴的被照顧。

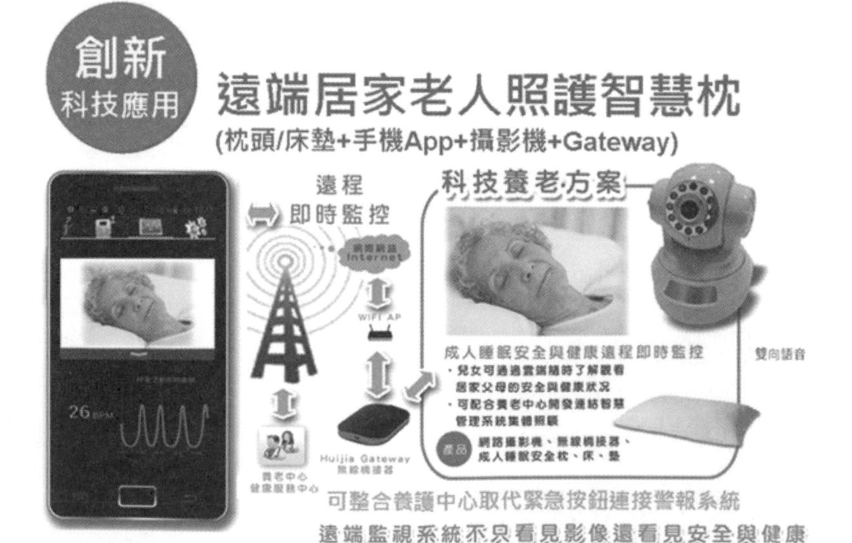

醫療監測

早期醫療院所使用的各種專業儀器，必須請病患親自到醫院或診所來配合檢查，如今拜資訊科技進步之賜，加上雲端應用的普及與物聯網的萌芽，消費者可以佩戴穿戴式裝置，達到自主健康管理，而醫療級的產品，更可協助病人達到居家照護、自主治療，以降低醫院的人力負荷，提升醫療品質。

對於長時間依賴醫療資源的重症患者、復健中的傷患來說，在出院後，除定期回院複診、檢查之外，平時使用穿戴式裝置可做到遠端監控，甚至遠距醫療，醫生可以追蹤病情，加上病人的居家治療，能幫助病患早日痊癒。

☑ 產品 01：智慧藥瓶

據統計，在美國約有一半的人無法做到按時按量服藥，這個問題在老年群體中尤為突出，而每年由此帶來的額外醫療開銷高達 2900 億美元。如何讓病人按時按量吃藥已經成為醫學領域的重要難題。

智慧型藥瓶帶有感應器，可與雲端服務無線連接，能即時搜集藥瓶內藥物量的各項資料，當病人需要再次服藥時，智慧型藥瓶會透過發簡訊或撥打電話的方式來提醒病人服藥以及服藥量。藥瓶內還有一塊無線 CDMA 晶片，病人能透過它發送的資料知道藥瓶是何時開啟的、還剩下多少藥片。

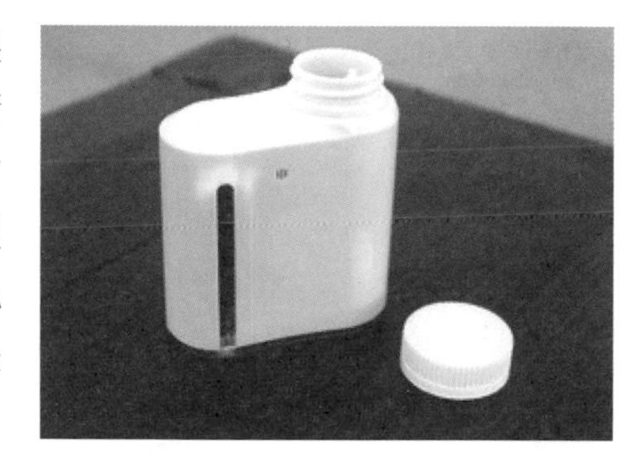

☑ 產品 02：血糖偵測儀

微小的血糖感測器插入皮下，傳輸器會將血糖測值傳送至監測儀，感測器每隔數秒便測量血糖濃度，並透過無線傳輸器，將數據傳送至掛於皮帶或置於口袋的監測儀。

連續式血糖監測儀可協助患者掌握血糖濃度，並瞭解血糖因飲食、運動與藥物而改變的情形。配戴監測儀有助於患者更有效地管理糖尿病。

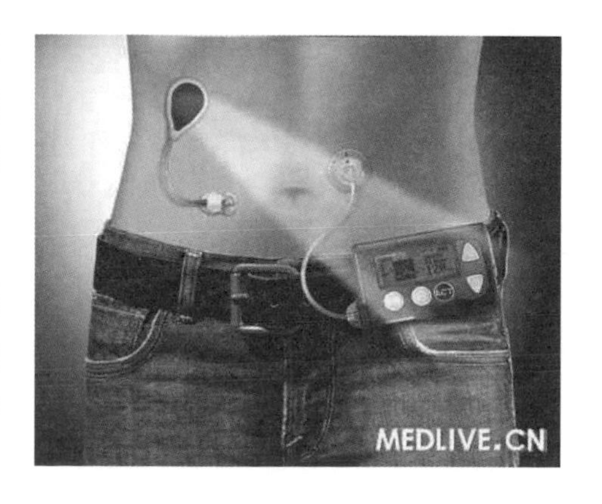

3.4 智慧衣

台灣紡織業的東山再起

鴻海郭董經典名言 1：「沒有不景氣的產業，只有不爭氣的產業。」

這句話套在紡織業最恰當不過了！早期台灣紡織業憑藉低廉的勞動力、輸美紡織品配額的保護，蓬勃發展了一段時期…，由於中國大陸的改革開放、東南亞國家輕工業興起，台灣紡織業原有的低廉勞力優勢完全消失了！

鴻海郭董經典名言 2：「成功的人找方法，失敗的人找藉口。」

台灣的紡織業在歷經了 20 年的產業蕭條後，憑藉著加強技術研發，投入機能衣的開發，目前所有國際運動大廠如：Adidas、Under Armour、Nike，全部找台灣代工生產機能運動衣，請參考以下機能衣生產大廠：儒鴻，歷年 EPS（每股盈餘）的驚人成長：

儒鴻歷年 ERP								
季別 / 年度	2009	2010	2011	2012	2013	2014	2015	2016
Q1	0.57	0.49	1.23	1.82	2.41	2.62	2.68	2.47
Q2	0.57	1.34	0.89	1.37	2.58	2.22	3.8	2.99
Q3	0.55	1.31	1.87	2.13	2.88	3.32	4.93	3.14
Q4	0.26	0.69	1.61	2.43	3.04	3.35	4.58	5.07
總計	1.95	3.83	5.6	7.75	10.91	11.51	15.99	13.67

物聯網帶動的產業整合

單一產業的技術很難維持長時間的的競爭優勢，競爭對手很容易利用各種手段追趕上，百年企業之所以能永續經營，靠的就是跨產業資源整合的能力，這是新創公司、競爭對手無法在短時間跟上的。

台灣的電子、紡織、生物醫療、通訊產業都有完整產業鏈，物聯網帶來了創新整合應用的嶄新商機 – 智慧衣：將電子線路、感測器、發射器融入紡織品中，結合雲端醫療網、社區醫療網、偏鄉醫療網，所創造的是一個難以複製模仿的跨界資源整合。

智慧衣可以感測：心跳、脈搏、體溫、排汗量、汗的成分…，根據不同的需求在紡織品中植入不同的感測器，衣服變成 24 小時全功能體檢裝備，所有身體的訊息透過發射器傳遞至雲端醫療網，達到即時監控。

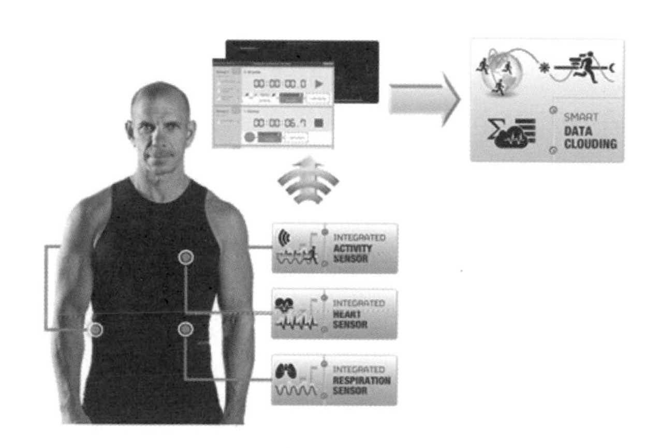

再次強調，單一技術很難維持競爭優勢的！再舉個案例作為說明：

案/例/一　台北市 U-Bike 微笑單車系統

台灣的都會區公共交通系統原始設計都是公車路網，台北市由於外縣市人口不斷遷入，變成了人口高密度區，路面上的交通路網也跟著癱瘓了！因此往地上、地下發展捷運系統，儘管目前台北捷運路網密度已經相當高，但對多數的民眾而言還是不夠方便（無窮的慾望），因此市政府推出 U-Bike 微笑單車系統，獲得市民及觀光客的高度評價。

如果只是單純提供腳踏車服務，那就不是什麼高深技術，也不會受到媒體的關注和民眾的掌聲，分析其關鍵成功因素如下：

★ 以捷運為主幹線、公車為輔助支線、U-bike 騎到家門口，3 合 1 路網整合。

★ 簡便的租借程序與工具：悠遊卡。

★ 跨縣市整合台北市與新北市形成雙北共同生活圈。

★ 雙北區域超過 300 個租借點，方便性極高。

★ 靈活機動車輛調撥，讓每個租車站隨時可租車、還車。

★ 優質的腳踏車品質及維護。

目前全台灣共有 6 個縣市採用捷安特的 U-BIKE 單車租借系統：台北市、新北市、桃園市、新竹市、台中市、彰化縣，表示此系統的卓越性。

案/例/二　應用物聯網的上海摩拜單車

大陸上海推出新型公共租賃自行車「MOBIKE」摩拜單車，此系統的特色在於「無停車樁」，也就是沒有固定的借車、還車站，單車上建置了 GPS 定位裝置，利用 APP 軟體便可查詢所在地附近可租借的車輛，因為租借簡單快捷，這批自行車已經出現在了城區的各主要街道上了。

★ 租用辦法

1. 通過 APP 查找你周邊可租賃車輛的位置，進行預約租車或者直接根據地圖定位找到想租借的自行車。
2. 用手機「掃一掃」車鎖上的二維碼，車鎖開啟，即可用車。
3. 使用結束時，將車鎖直接按下，手機 APP 上自動計算使用時間並進行扣費。

★ 獨特單車設計

1. 以封閉軸承驅動齒輪來讓車輛前行，沒有鍊條，因此不會有掉鍊條的問題。
2. 車輪為五幅輪轂，不用擔心裙擺褲管被繞進車輪里了。
3. 實心發泡的防爆胎，無需充氣，也沒有補胎的煩惱。

4. 智能鎖合了晶片、電路板、GPS 等多項功能，使用者在騎行過程中能自動蓄電以支持定位和感應。

價格甜蜜點

鴻海郭董的名言：High Tech Low Tech Make Money Is Tech ！

無論是紡織、電子、通訊產業，科技與生產技術都不是問題了，但為何相關的產品不普及呢？原因在價格！

產品研發費用相當高，產品生產量未達經濟規模時，產品價格太高只能當奢侈品，一旦價格降至甜蜜點，市場需求立刻顯現，舉例如下：

第一代特斯拉純電動跑車太炫了大家都想要，但定價 10 萬美元，只有富豪買得起，現在第三代特斯拉純電動跑車定價 3.5 萬美元，就是一般平民價格，網路預購等得 2 年並繳訂金 1 千美元，居然吸引 40 萬張訂單，記得！產業發展首要關鍵因素就是「量與價」，是先刺激需求量來壓低價格，亦或先降價來產生需求量，就是一門高深的學問！

3.5 醫療產業之創新與整合

台灣是製造業大國，所有產業的代工生產都幾乎拿過世界第一，但成為世界第一後的不久也都敗下陣來被其他國家取代，因為僅憑藉：生產技術、成本低廉的競爭優勢是無法持久的，因為資訊傳播發達，成功的商業模式、技術是很容易被複製的。

APPLE、Facebook、Google 這些世界大廠的競爭優勢為何很難被競爭者模仿？因為他們的優勢都不是單一技術、因素！而是一個運作系統，Google 由搜尋引擎起家，除了雲端資料庫更有強大的人工智慧研發，無人車研發便必須架構在雲端資料庫與人工智慧之上，最起碼橫跨 3 個不同的產業，因此要挑戰 Google 難如登天！

台灣具備生產智慧衣的所有關鍵產業，也都有深厚的產業技術基礎，但似乎我們仍然會淪於「代工」生產的角色，因為台灣不擅長產業整合，政府的角色又極為弱化，因此各產業只能單兵作戰，況且智慧衣只是「醫療大數據」產業最前端的感測器而已，真正的大餅在資訊的應用！

醫療產業

個人身體資訊上傳雲端之後，每個人的健康狀況隨時受到監控，進醫院的目的將由治療、搶救轉變為維修、保養。醫療資訊公開的情況下，需要指定名醫、名醫院的情況將大幅改善，對於整體醫療資源的使用效率將大幅提升。

行動裝置的應用

台灣秀傳醫院首創將 iPad、iPhone 導入醫生巡房應用，醫生攜帶平板電腦或智慧型手機作為巡房時的資訊輔助設備，運用行動裝置特性，隨時連線查閱病人電子病歷、向病人解說病情，不但縮短醫師照護病人的距離，並可隨時隨地掌握病況，更進而提供專科醫師遠距會診意見諮詢，顛覆傳統醫病關係。

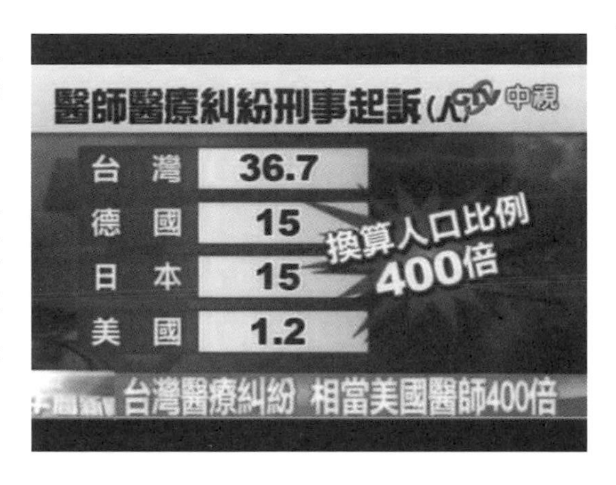

雲端醫療網端的落實

雲端資訊系統提供醫療院所經濟且高效能的醫療資訊服務，使醫護人員、醫院及診所，不論位於都市或窮鄉僻壤，都能在雲端資料庫中獲得病患的完整病歷以及區域內各醫院的醫療資源，小至感冒、大至緊急重大傷病的轉診需求，都能從雲端查詢可調配的資源，給予病患最即時與適切的醫療處置，解決病患重複就醫及重複用藥的問題。

圖 5 雲端藥歷系統即時查詢

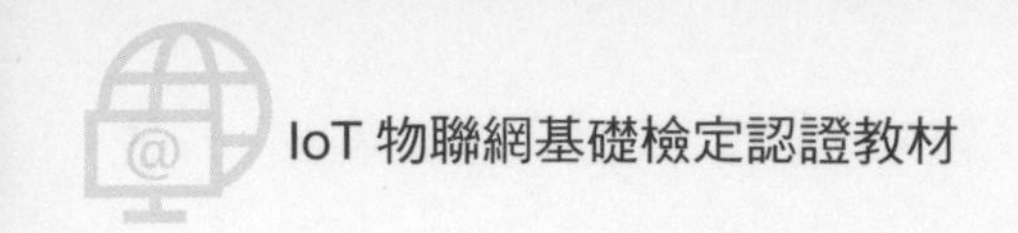

達文西醫療機器人

由於資訊不對等，因此發生醫療糾紛時，病患總是社會同情的對象，醫師的處境越來越艱困，尤其是外科醫師，許多外科醫師為了自保轉戰風險較低的醫美領域，傳統標榜專業的 5 大外科乏人問津。

傳統外科採用內視鏡手術固然對病人好，但是手術醫師長時間站立，一旦目標在身體深處，醫師必須配合做出種種不符合人體工學的動作，例如單腳站立、彎腰、趴著，但兩隻手卻要穩穩地握住器械，才能完成手術。加上眼睛疲累、手部穩定都是 50 歲以上醫師的天敵。

「科技始終來自人性」，直覺手術公司（Intuitive Surgical）的達文西系統問世，以機械手臂提升精準度，配合放大 10 到 12 倍的體內 3D 影像，的確讓醫師驚豔。

令人想不到的是，達文西的創新並非來自醫界，而是遙遠的外太空。70 年代 NASA（美國太空總署）執行太空任務，設想太空人萬一需要緊急手術，例如切除盲腸，何不讓醫師藉著遠距視訊操縱機器人手臂，執行一場萬里之外的外太空的手術？這就是機械手臂技術的起源，也造就今日的直覺手術公司。

利用機器人科技提高手術的成功率、降低外科醫師的職業風險，醫病關係得以改善，醫學院學生重新回到 5 大外科，否則…以後就找不到外科醫師了！

醫美產業商品整合

台灣醫學美容發展舉世聞名，名列世界第三、亞洲第一，有頂尖設備與一流技術，價格上更是親民合理。最重要的是台灣人特有的服務熱情與友善關懷，這些都是台灣在醫學美容產業發展上最大的競爭優勢，整體競爭實力已遠勝韓國，在此同時政府應大力扶植醫美產業健全發展，以國家力量打造台灣世界級的醫美領先地位，強化台灣醫美產業在國際間的競爭力，只要能支持醫美產業的發展，相信必能增加產業背後的附加價值，把醫美與觀光、文化、休閒產業結合，將是台灣觀光產業發展的下一個里程碑。

大陸每年約有 300 萬人接受整型手術，年成長率約 10%，領先全球平均值 6%，已超越韓國，居亞洲之冠；大陸每年約有 10 萬人前往韓國整型，但陸客赴韓整型近年糾紛日益增加，語言不通是個先天的障礙，有些貴婦人想要塑造個小 S 的尖下巴，也有人指定要徐若瑄、范冰冰這些名女人一樣的臉型，可是韓國醫生根本不知道誰是小 S、徐若瑄或范冰冰，兩岸有共同語言的優勢、溝通無障礙，且臺灣的衛生條件好，醫生素質高，醫療品質又不輸韓國的前提下，在罕見疾病也有揚名國際的案例，加上兩岸的密集航班，施術地點的服務環境完全不輸給五星級飯店，臺灣的醫療美容以不動刀的「微整型」技術享譽國內外，時間短、恢復快，適合邊旅遊邊醫療，未來應有越來越多陸客轉往臺灣接受醫美服務。

人壽保險業

目前人壽保險、醫療保險多半是根據歷史統計來核定保費，那是看似科學、卻完全不合理的扭曲作法，以作者本人而言，56 歲身體健康狀況良好（自我感覺），我的同學有的看起來像我大叔，但根據目前的保費計算辦法，如果沒有就醫病歷記錄，我的大叔同學跟我是同一級費率。

進入物聯網時代後，個人資訊隨時上傳雲端，在監控系統下的看護下，醫療雲端資訊系統會定期通知當事人進醫院回診，或適時通知當事人作進一步作健檢，甚至提醒當事人定時吃藥。

由於系統掌握當事人所有健康資訊及活動內容，因此保險計費規則將產生革命性改變，例如：

- 三餐不定時，血糖時高時低，增加費率。
- 經常熬夜，心跳不規律，增加費率。
- 經常吃刺激性食物，流汗異常、心跳異常、呼吸異常，增加費率。
- 遵守醫囑：定時回診、定時用藥，降低費率。
- 保持適當運動習慣，降低費率。
- 菸酒不沾，降低費率。

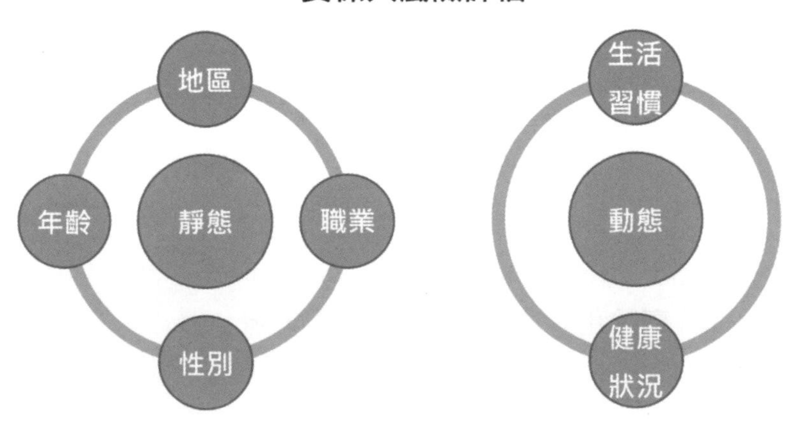

根據當事人實際生體健康情況及生活習慣來計算保險費，這才符合保險的精神。

3.6 習題

	題目	答案
(　)1.	以下有關台灣產業發發的敘述何者是錯誤的？ (1) 第一代以高雄加工出口區為代表 (2) 第二代以新竹科學園區為代表 (3) 第一代發展鋼鐵產業 (4) 第二代發展電子產業	(2)
(　)2.	有關於國家產業發展策略現況的描述何者是正確的？ (1) 為保護國際貿易公平，國家不應介入產業發展 (2) 廠商應自立自強，不要政府補助 (3) 以稅制來協助出口廠商是不道德的 (4) 各國政府都利用行政資源來培植重點產業	(4)
(　)3.	台灣全民健保於哪一年實施？ (1) 民國 84 年　(2) 民國 88 年 (3) 民國 92 年　(4) 民國 96 年	(1)
(　)4.	全民健保的創立宗旨？ (1) 消弭因病而貧　(2) 體現全民健康 (3) 人人健康長壽　(4) 家家共享天倫	(1)
(　)5.	以下哪一個項目不是社區醫療體系 3 大主軸之一？ (1) 社區保健　(2) 社區醫療 (3) 社區團康　(4) 社區長期照護	(3)
(　)6.	以下對於台灣醫療照護產業發展的敘述何者是正確的？ (1) 少子化高齡化將不利於產業發展 (2) 台灣在是人口大國 (3) 少子化高齡化對所有產業都是百害無一利 (4) 醫療照護產業只是區域型產業	(2)
(　)7.	以下哪一個產業不包含在台灣醫療照護產業的範疇內？ (1) 紡織業　(2) 電子代工業 (3) 機器人產業　(4) 石化業	(4)

( )8. 以下哪一個項目對於陪伴照護機器人的敘述是錯誤的？ (3)

(1) AIBO 會像真狗一樣做出各種有趣的動作
(2) Romeo 是醫療照護智慧機器人
(3) Zenbo 是國內首款智慧機器人，由鴻海生產
(4) Zenbo 在家中發生危急狀況時能立即通報警方

( )9. 一個社會的進步程度是根據以下哪一個項目？ (4)

(1) 國民生產毛額 GDP (2) 交通運輸方便性
(3) 城市化的程度 (4) 人民的幸福指數

( )10. 有關於社會進步的敘述何者是錯誤的？ (2)

(1) 公德心是社會進步的指標
(2) 家庭汙水排放處理跟社會進步無關
(3) 族群融合是社會進步的體現
(4) 守法是進步社會的基本要素

( )11. 以下哪一個項目不屬於老人照護的範疇？ (4)

(1) 設立老人園 (2) 社區義工服務
(3) 世代交流互助計畫 (4) 以房養老

( )12. 以下哪一個項目對於世代交流互助計畫的敘述是錯誤的？ (3)

(1) 是芬蘭政府推出的計畫
(2) 解決年輕人無法負擔高房租的問題
(3) 允許年輕人免費租賃養老院公寓
(4) 給老人帶來多樣化的休閒生活

( )13. 以下哪一個項目對於台灣公務人員的敘述是正確的？ (4)

(1) 工作很有保障 (2) 薪資很高
(3) 很有創意 (4) 多數人追求生活的安定

( )14. 以下有關於新加坡的敘述何者是錯誤的？ (4)

(1) 政府廉潔程度遠高於台灣
(2) 政府效能程度遠高於台灣
(3) 平均薪資遠高於台灣
(4) 教育程度遠高於台灣

(　　)15. 以下有關於偏鄉醫療的敘述何者是錯誤的？ (2)

(1) 年輕人不願到偏鄉服務，因為缺少發展機會
(2) 偏鄉服務唯一的解決方案是科技化、自動化
(3) 偏鄉醫療的問題必須透過道德勸說來改進
(4) 政府資源不願投入偏鄉，因為選票貢獻不大

(　　)16. 以下有關於自動化的敘述何者是正確的？ (3)

(1) 自動化將導致失業率升高
(2) 產業外移是失業率提高的主因
(3) 產業升級是解決失業率的唯一方法
(4) 先進國家因為高度自動化所以也高度失業

(　　)17. 以下對於 3D、3K 產業的敘述何者是錯誤的？ (1)

(1) 開放外勞進口搶走了台灣人的工作機會
(2) 因為生活條件改進了，人們不願意從事 3D、3K 工作
(3) 外勞對於台灣整體產業發展有很大貢獻
(4) 代表：危險、骯髒、辛苦

(　　)18. 以下有關於「台灣失業率」的敘述何者是錯誤的？ (4)

(1) 教育政策錯誤　(2) 職業教育表象化
(3) 產業政策錯誤　(4) 外勞政策錯誤

(　　)19. 下面哪一個項目為偏鄉醫療問題提供了可行的改善方案？ (1)

(1) 物聯網遠端醫療　(2) 空勤後送服務
(3) 年輕醫師下鄉方案　(4) 在偏鄉建立大型醫院

(　　)20. 以下有關於「台灣紡織業曾經沒落」哪一個項目的敘述是正確的？ (1)

(1) 喪失低價勞動力的競爭優勢
(2) 喪失科技的競爭優勢
(3) 環保抗爭
(4) 經濟景氣不佳

(　　)21. 有關於「智能衣帶動的產業整合」以下哪一個組合是最完整的？ (4)

(1) 成衣、資通訊
(2) 成衣、資通訊、生醫
(3) 資通訊、生醫、智慧紡織
(4) 成衣、資通訊、生醫、智慧紡織

(　　)22. 以下有關於「台北 Ubike 系統」的敘述何者是正確的？ (3)

(1) 是台北人的主要交通工具
(2) 教踏車的失竊率偏高
(3) 系統整合是 U-Bike 成功的關鍵因素
(4) U-Bike 是由日本引進的系統

(　　)23. 以下有關於「上海 MOBIKE 系統」的敘述何者是錯誤的？ (4)

(1) 沒有固定借車、還車地點
(2) 交踏車無鍊條
(3) 車胎是實心的
(4) 必須用鑰匙開鎖

(　　)24. 以下有關於「產業競爭優勢」的敘述何者是正確的？ (3)

(1) 專利權可以保障技術競爭優勢
(2) 成本競爭優勢是企業成功不變的法則
(3) Apple、Google 的競爭優勢在於系統整合
(4) 台灣的製造優勢獨步全球

(　　)25. 下列有關「達文西醫療機器人」的敘述何者錯誤？ (1)

(1) 達文西的創新來自於醫界
(2) 可將體內影像以 3D 呈現
(3) 可將體內影像放大 10~12 倍
(4) 由 NASA 研發

(　　)26. 下列有關「台灣醫美產業」的敘述何者錯誤？ (2)

(1) 技術、設備一流　(2) 多數醫師不願意從事醫美
(3) 可結合觀光休閒產業　(4) 價格具競爭力

( )27. 下列有關「台灣與韓國在醫美產業的競爭」的敘述何者錯誤？ (4)

(1) 台灣有語言優勢 (2) 台灣有文化優勢
(3) 台灣有人文優勢 (4) 台灣有國際化優勢

( )28. 下列有關「物聯網時代的人壽保險業」的敘述何者錯誤？ (2)

(1) 保費計算應依據醫療雲端大數據
(2) 保費應根據職業、居住地區
(3) 保費應根據生活習慣
(4) 保費應根據健康狀況

( )29. 下列有關「物聯網時代的人壽保險業」的敘述何者錯誤？ (3)

(1) 三餐不定時者應增加保費
(2) 經常熬夜者應增加保費
(3) 愛唱歌者應增加保費
(4) 不定時用藥者應增加保費

( )30. 下列有關「醫療糾紛」的敘述何者錯誤？ (4)

(1) 病患是社會同情的弱者 (2) 外科醫師人人自危
(3) 傳統 5 大外科乏人問津 (4) 外科醫師轉戰小兒科

CHAPTER

4

自動化與創新商業模式

本章內容

4.1 實體商務的進化

現代都會人士上班就是：忙、忙、忙…，下班就是：累、累、累，因此速食文化攻佔了上班族的生活，全球速食龍頭麥當勞推出 49 元早餐，跟路邊攤、早餐店搶生意，更推出不用下車即可購物的「得來速」，這些方案都是為了順應「以客為尊」時代的商業需求。

透過作業流程的設計，得來速以 3 步驟 60 秒完成客戶所有服務作業，目前這樣的作業流程幾乎成為業界的標準。

這樣的作業流程是不自動、不聰明的！比早餐店的老闆娘遜色多了！因此還有很大的改進空間！

客戶身分識別

目前得來速的設計只是單純的讓服務速度變快，若要達到服務智慧化，首先就應該在進入車道後，根據車牌辨識技術或人臉辨識技術進行消費者身分辨識。

例如：我去早餐店，老闆娘立刻喊我一聲「林董…」，雖然不是很懂…心裡還是甜甜的，備受尊榮。

點餐自動化

根據客戶歷史消費習慣，點餐方式應該可以更自動化、智慧化。

例如：早餐店老闆娘接著說：「林董…照舊…」，不是很懂的我回答：「謝謝」。

最佳點餐建議

根據客戶歷史消費習慣，搭配目前促銷方案，給予客戶最佳化點餐建議。

例如：早餐店老闆娘說：「林董今天咖啡買一送一，要不要幫老婆多帶一杯回家…」，這麼好康的當然要…！

結帳自動化

根據客戶辨識系統，以電子支付行動裝置直接扣款，不須掏現金、也不須刷卡。

例如：這時小本經營經的早餐店只能以現金交易，老闆娘只能以甜美的笑容收錢、找零。

利用無線傳輸技術、物聯網裝置設施、雲端大數據，所有的企業都在尋求更有效率、更符合客戶需求的創新商業模式，以提供智慧化的商業服務。

4.2 商業自動化的根本：編號管理

使用電腦從事管理作業，第一項工作就是編號：人有身分證號、書有書號、商品有商品編號，零件有零件編號，萬物皆有編號，有了編號才能進行管理。

商品管理是商業自動化的基礎，舉凡：入庫、出庫、採購、銷售等商品庫存管理工作都是以商品編號為基礎。

早期對於商品編號的處理，只能用：眼睛看 → 嘴巴讀，盤點時必須拿出每一樣商品讀取標籤上的貨號、填寫盤點表，盤點一個 2000 件商品的小專櫃都得花上一整天，盤點結果還得再一次輸入電腦，盤點資料正確性還真是有待商榷，這就是使用電腦初期的商品盤點實況。

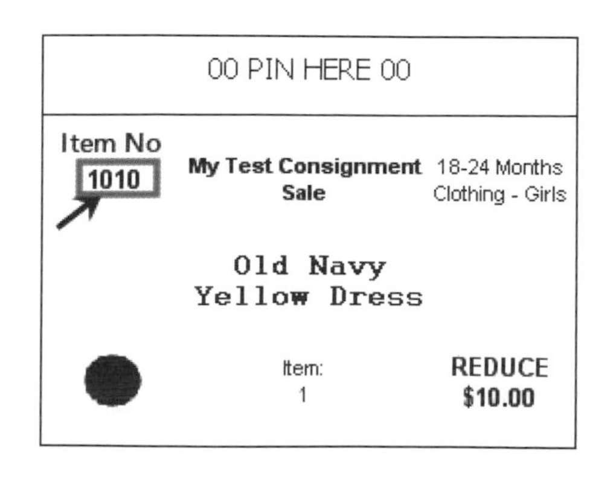

一維條碼：Barcode

一維條碼就是將商品編號轉換為粗細不同線條，以條碼閱讀器（Barcode Scanner）掃描讀取編號，一組貨號只要嗶一聲就讀進電腦中，盤點一個 2000 件商品的小專櫃只需 2 個小時，正確率 100%。

缺點：只能記錄資料量小的商品編號，資料量較大的商品資訊無法存入條碼。

二維條碼：QR Code

二維條碼是一維條碼的改良版，將粗細線條改為幾何圖形，儲存容量大，應用範圍廣，目前大家最熟悉的就是 LINE 的 ID 掃描，其他應用例如：商品資訊、整張單據資料、所得稅申報、網址 QR Code，同樣的，整份資料，只要嗶一聲就讀進電腦中。

缺點：與條碼一樣，都必須人工掃描，速度太慢、對於大量資料處理無法達到全自動化。

無線射頻識別系統：RFID

RFID 是一種運用無線射頻電波的自動識別技術，由於是「非接觸式」，不需要一件一件的人工掃描，因此效率高，可達到完全自動化。

系統包含：電子標籤、讀取器裝置兩部分，電子標籤的直徑小於 2 毫米，由無線通信 IC 和天線所構成。感測距離：幾釐米～幾米。

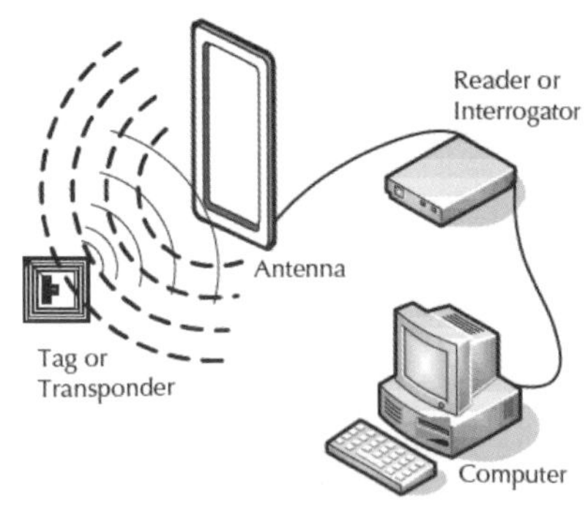

RFID 的庫存管理應用

走動式區域盤點

手持 RFID 讀取器，在倉儲區或商品陳列區內對貨架進行感應盤點。

匝道式入、出庫盤點

在倉儲區出入口閘門架設固定式 RFID 讀取設備，商品進出此閘門就會自動整批一次感應，產生進貨單、出貨單並更新庫存。

貨架固定式閱讀器

在貨架上方裝置固定式 RFID 閱讀器，商品上架、下架閱讀器會自動讀取商品編號，並自動更新貨架庫存資料。

RFID 其他商業應用

☑ 應用 1：台灣高速公路電子收費系統

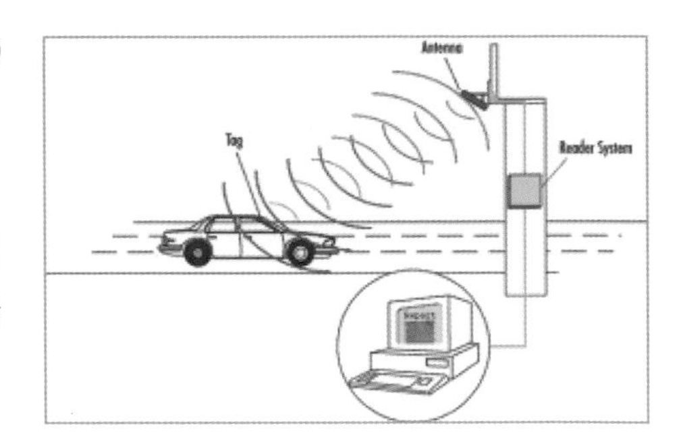

採用無線射頻辨識（RFID）系統，於 2011 年 9 月開始試用。在車上黏貼電子標籤（eTag），收費門架安裝在交流道前後的主線車道上，當車輛開過收費門架時，RFID 讀取器就會自動讀取 eTag 資料，根據第一個收費門架與最後一個收費門架的距離作為計程收費標準。

專題探討　高速公路電子收費

高速高路收費自動化後，人工收費站被拆除了，收費員失業了！

A. 所以自動化作業是導致失業率提高的主要原因？

B. 如果 A 的答案是肯定的，我們應該拆掉所有自動化裝備，回到鑽木取火時代，這樣就可以解決失業問題？

C. 美國、德國、日本的自動化程度遠高於台灣，所以他們的失業率一定更高、生活一定更困苦、社會問題一定更嚴重？

☑ 應用 2：門禁管制

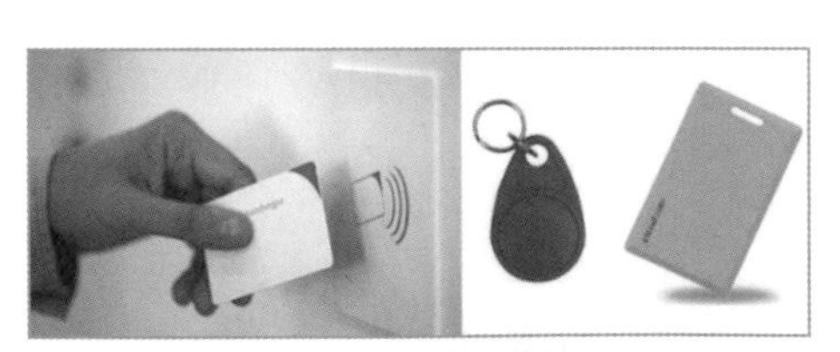

將 RFID 電子標籤嵌入卡片或任何形狀小物件內作為門禁管制通行卡。

☑ 應用 3：電子票證

台北市的悠遊卡、高雄市的一卡通、統一超商的 i-Cash，在卡內植入 RFID 電子標籤，感應一下就可自動扣款、加值。

4.3 實體智慧商務關鍵技術

消費者在實體賣場中一連串的活動包括：身分識別、購物導引、商品資訊傳遞、商品介紹、商品試用（試穿）、自動結帳、自動付款、消費者消費行為記錄，要讓這些活動達到：自動化 → 智慧化 → 以客為尊，就必須仰賴以下關鍵技術。

NFC 近場通訊

NFC（Near Field Communication 近場通訊）是一種近距離無線通訊，它可讓行動設備在 20 公分近距離內進行交易存取，避免駭客攻擊，是目前在電子支付最常見無線通訊技術。

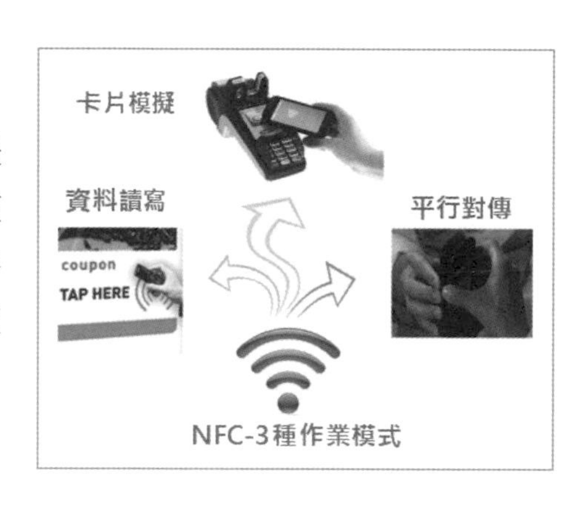

電子支付

現金、信用卡付款都將被更新進的電子支付所取代，安全性更高、資料傳輸更有效率、更方便。

PayPal、Apple Pay、Google Wallet 都是目前電子支付的領導廠商，消費者的手機晶片會自動與收銀檯系統感應付款。

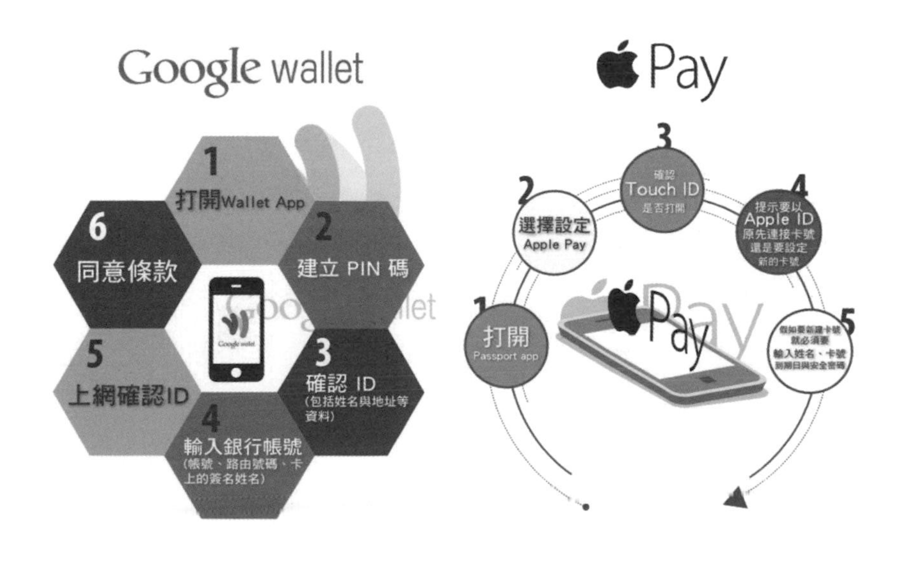

新/知/補/給/站

第三方支付與電子支付

電子商務最為人詬病的就是網路詐騙，買方或賣方不誠實，造成大家對於網路交易的不信任，因此必須由第三方公證人來確保交易公正性，下方就是第三方支付作業流程：

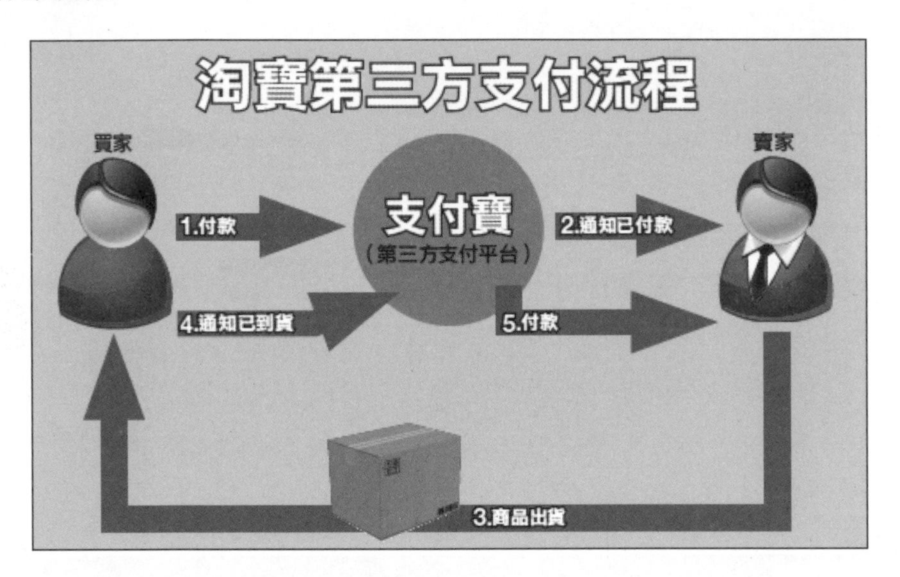

這個對於電子商務發展最關鍵的法令，台灣金管會一直到 2015 年 5 月 3 日才公布實施，大陸支付寶於 2004 年 12 月成立，比台灣早了 10 年，美國 PayPal 於 1998 年 12 月成立，更比台灣早了 16 年。

為何台灣第 3 方支付比大陸晚了 10 年？原因如下：

A. 因為不合時宜的法令限制電子商務業者不得從事金融業務。

B. 金融業者對於第三方支付微薄利潤不感興趣。

C. 立法院終日沉迷於政黨對決，無暇民生攸關法案。

在智慧電子商務的發展過程中，電子支付也是最基本最關鍵的工具，Apple 是全世界行動裝置的領導廠商，Apple Pay 也是最成熟的電子支付工具，但台灣同樣受到法令限制，直至 2017 年 3 月才在台提供服務。

以上兩個案例告訴我們，若沒有健全的立法機構，產業發展只能原地踏步！

室內定位技術

傳統行銷方案中最常見的為以下幾種：看板廣告、收音機廣告、電視廣告、報紙廣告、宣傳單廣告、郵件行銷、問卷行銷…等。這些廣告手法目前大都令消費者感到厭煩，遇到路上有人發傳單就趕快閃過去，收到廣告郵件就視為垃圾郵件殺掉，為什麼這些行銷方案讓消費者有這樣的反應呢？很顯然的，大多數的「人」、大多數的「時間」是不願意受到這些垃圾廣告騷擾的。

廠商花錢做廣告是因為他們相信消費者喜歡：新商品、價格優惠…，我們實地詢問消費者，答案也的確如此。但是…，肚子餓的時候想吃飯，但不餓的時候一直塞飯給你就是令人厭煩，我想吃甜點，但一直塞小籠包給我一樣讓人厭煩，傳統行銷就是犯了這樣的錯誤，對象錯了、時間錯了。

所以要從事智慧行銷活動必須確定客戶的「身分」：根據客戶歷史消費習慣提供適當資訊，確認「時機」：根據客戶目前所在位置提供適當資訊。

狀況 A：張小姐在機場 → 提供航班資訊、登機口路徑

狀況 B：李小姐在咖啡店外 → 提供優惠咖啡方案買 2 送 1

狀況 C：吳先生在百貨公司男裝區 → 提供西裝新商品優惠方案

藉由物聯網科技技術發展，物體定位技術不斷成熟，由最早的戶外定技術 GPS 衛星定位系統，早期主要是應用在交通工具的定位，例如：飛機、輪船、車輛，目前應用最廣的就是汽車導航系統，結合：電子地圖、定位技術、人工智慧，提供駕駛人最合適的行車路徑建議。

同樣的科技應用到定位消費者所在位置，然後根據消費者所在位置，判斷消費者的可能意圖或需求，將周邊商業資訊、商品促銷訊息、路線導引資訊…，主動發佈至消費者行動裝置中，解決了傳統行銷的盲目訊息傳遞問題。

目前室內定位技術可說是百家爭鳴，各有優缺點，市場上並沒有共同的霸主，各項技術比較優劣如下表：

	優勢			劣勢	
技術名稱	精準度	穿透力	抗干擾	系統複雜	成本高
紅外線	高	無	無	極高	低
超聲波	極高	低	中	低	極高
FRID 無線射頻	極高	中	低	低	低
Bluetooth 藍牙	中	中	低	中	中
Wi-Fi	極低	中	極高	極低	極低
ZigBee	低	高	中	低	中
超寬帶	極高	極高	高	中	高

蘋果電腦的 iBeacon

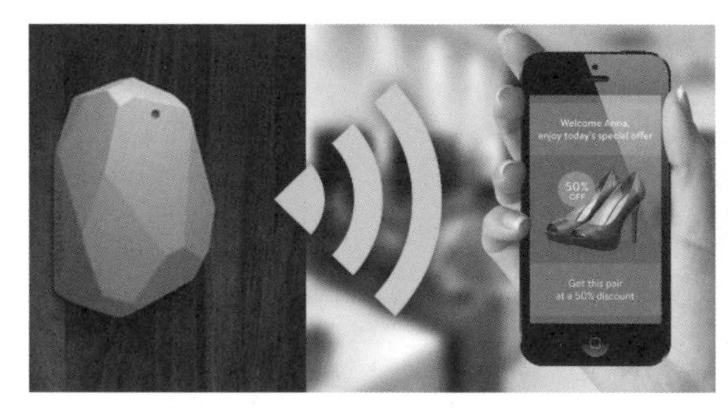

2013 年蘋果在 WWDC 大會上發布的 iBeacon，是一個無線通訊傳輸方案，揭露了微定位的未來。從此所有採用低功耗藍牙（BLE：Bluetooth Low Energe 或藍牙 4.0）的微定位訊號發射器皆稱之為 Beacon，Beacon 與其他無線通訊技術比較優勢如下：

與 GPS、Wi-Fi 比較

有更精準的微定位功能，定位範圍精準到 2 ～ 100 公尺內。

與 NFC 比較

NFC 技術在行動支付領域雖然有領導性地位，但受限於只能近距離通訊，不具備定位功能，而 Beacon 具備定位與做到電子支付功能，因此 Beacon 又被稱為「NFC 殺手」。

實體智慧商務 O2O

電子商務興起，市場一窩蜂瘋狂報導：「虛擬電子商務將取代實體傳統商務！」，所有新科技的崛起都會被過度解讀或放大，消費者的消費習慣不會一夜就改變的，況且目前的科技技術，對多數商品的品質仍然無法透過網路作體驗，例如：觸感、味道、氣味…，還是必須依賴實際體驗，還有實體 Shopping（血拚）人與人的互動樂趣是網路購物無法滿足的。

虛實整合的商務模式被提出來了，就是 O2O 全名為 Online to Offline，是指將實體商務與電子商務做結合，透過網路無遠弗屆的力量尋找消費者，再藉由行銷活動或購買行為將消費者帶至實體通路。簡單來說，消費者在網上購買服務，在線下取得服務。

共享經濟 O2O 案例

Uber 汽車共乘服務，是一種分享經濟的概念，舉例說明如下：

- **背　　景：** 張先生有一部汽車，平時作為上班通勤使用。
- **區　　域：** 住家 - 桃園，公司 - 台北
- **狀 況 A：** 經濟不景氣，張先生想利用假日或閒暇時間開車賺取外快，透過 Uber 系統張先生就可以接到乘客訂單。
- **狀 況 B：** 張先生每天上、下班的固定路程也可透過 Uber 提供共乘服務，賺取外快。
- **狀 況 C：** 張先生平日行車也可執行代送行李、包裹、快遞服務。
- **系統分為：** 車輛資源、乘客需求 2 個部分的整合，On-line 網路平台整合即時可用車輛資訊，同時接收客戶訂車需求，透過系統配對將可用車輛與客戶需求做有效率配對，創造的效益如下：

- 車主的好處

  車輛閒置時間可增加額外收入。

- 消費者好處

  不必在路邊不確定的傻等計程車，對於都會的尖峰時間及交通不便的偏鄉都可提高效益。

- 社會的好處

  透過網路平台的資源整合機制，提高車輛的使用率、增加車輛使用效能，達到節能減碳。

生活小知識

計程車與 Uber 的差異：

計程車是固定式的經營，每一天固定的時段就是必須在馬路上空跑尋找客戶，Uber 是將閒置車輛資源與客戶需求做整合，有需求才出車，屬於資源再利用的概念。

說明

由於法令限制，UBER 在台灣及許多國家都是不合法的，UBER 於 2017/4/13 宣布重返台灣市場，為配合法令規範改變經營方式，轉型為汽車租賃業者的叫車平台，已經不再是共享經濟的商業模式。

Airbnb 住房共享服務，也是一種分享經濟的概念，屋主將多餘的房間、房屋分享出來，透過 Airbnb 線上平台整合多餘住屋資源與旅客住宿需求，屋主獲取租金收入，旅客節省住屋費用，整個社會資源應用更有效率，一樣是 3 贏的局面。

創新商務應用

應用 01：機場

當旅客的手機經過機場裝設的 Beacon 時，手機就會告知旅客離目標登機門還有多遠、需要走幾分鐘，而且每經過一顆 Beacon，資訊就會更新一次。

將 Beacon 做成行李標籤，讓旅客追蹤行李動態，在行李輸送帶等候時，得以第一時間立刻找到自己的行李，節省時間。

☑ 應用 02：運動、娛樂

球場廣闊的場地，常會讓進場的球迷找不到方向、位置，透過 Beacon 指引座位、最近的出口、服務處…。

球隊周邊商品、優惠券、加油道具、零食…各項商品資訊的傳送。

賽事中，即時提供球員個人記錄、球隊記錄、即時戰況分析，運動彩券賠率，強化球迷與賽事的互動性。

☑ 應用 03：智慧購物

透過客戶身分識別系統，商店內的購物導引系統將提供有效的購物指引，使購物、結帳、付款更有效率、更便捷。

電子商務龍頭亞馬遜在開設了全自動實體雜貨商場 Amazon Go，賣場內沒有付款櫃台，消費者完成商品取用後就可直接離開商場，伸手取貨的瞬間就已經入帳，若將商品放回架也同樣完成退貨動作。

☑ 應用 04：微軟智慧購物車

MEDIA CART 是微軟提出的超市購物車的解決方案，Media Cart 配置一塊平板電腦，可以掃描商品條碼。

效益：由平板的電腦顯示詳細商品資訊加總購物總金額。

根據移動路線提供對促銷資訊。

記錄客戶購物行為作消費分析。

應用 05：智慧貨架

AVA 公司採用微軟 Kinect 動作追蹤感測技術，在軟體貨架上方裝置追蹤鏡頭，每當消費者拿起一款遊戲的包裝盒時，Kinect 就可追蹤到用戶的手部動作精確位置，從而判斷用戶選擇的遊戲，貨架旁的電視便自動播放此遊戲的宣傳預告片。

效益：商品解說自動化

應用 06：智慧試衣間

MemoMi 公司將擴增實境（AR）技術應用在試衣間，主角就是一片「魔鏡」，消費者站在魔鏡前，鏡頭可以拍下他的樣子，自動抓取和分析消費者身上穿的服裝，然後在螢幕上投影為其他的顏色甚至服裝類型。

效益：幫助消費者提高衣服選購的效率。

iBeacon 整合商務創新

Beacon 的技術門檻低且架設成本不高，根據 BI 的調查報告，美國前一百大零售業者至少有一半都在 2014 年布建或測試 Beacon，2016 年底臺北捷運也在每一個捷運站（共 117 站）布建上千顆 Beacon，用來精準定位消費者位置，並跟周邊商家結合，例如：後臺透過 Beacon 裝置，得知搭乘者目前在雙連站 1 號出口，此時就可以顯示出 1 號出口右側的便利商店咖啡正在買一送一，或其他附近商家的優惠消息。

應用 01：引客 → 吸引店外客人

Beacon 能夠針對鄰近消費者放送訊息，若再結合顧客歷史消費資料，便能做到精準的行銷訊息傳播。對消費者而言，這才是對他們真正有用的廣告。

應用 02：集客 → 店內留住客人

利用 e-menu、數位看板，提供各項商品優惠、活動訊息，提高逛街購物的方便性與舒適性。

非會員客人消費完之後，在沒有留下任何個資情況下，讓此客戶立即成為會員，記錄這個客人購買之商品，以便下次投予正確行銷及服務。

應用 03：拉客 → 既有客戶行銷

既有顧客就是在過去有真的付錢購買產品的人，這種名單最精準也最好用，這樣的名單你對他投廣告，因為有品牌信任和過去經驗的加持，在廣告的效益上也會較好。此外，對於這群人的行銷上也能提供他們更高層次或單價的產品或者另一款互補產品，進行交叉銷售，刺激購買不同的產品。

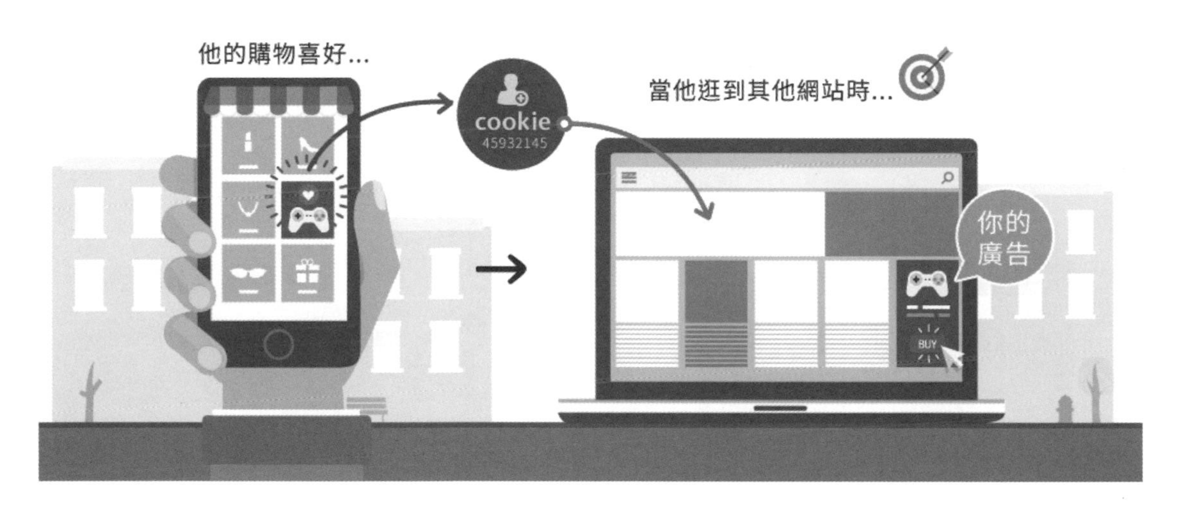

應用 04：熱點管理

管理面：客人進來商店後，都往哪個貨架集中，讓店長知道擺設正確與否，以及讓店長知道，什麼時間、在哪個區域要擺放什麼貨品投客戶之所好，增加銷售量。

行銷面：根據消費者所在位置，傳遞該點陳列商品的資訊、折扣優惠訊息。

應用 05：精準行銷

所謂精準行銷就是做來客分析，男生來客給男生廣告、女生來客給女生廣告、會員來客給會員廣告、非會員來客給非會員廣告，吸引客戶以促進消費，實際作業分析如下：

- 根據人臉辨識提供 VIP 個人尊榮服務。
- 影像辨識對非會員也有效，在結帳時結合 POS 系統，就可以知道客戶的大約年齡帶與性別，到時候變成很有效的「群模」，當作數據分析的重要基礎。
- 偵測每個區塊的來客數和停留時間，做為調整商品擺放區塊的參考，並整合顧客的歷史消費記錄，針對顧客的消費習性，放送不同的商品促銷訊息。
- 根據櫃位的來客數和來客停留時間，以做為調整櫃位租金的依據。

智慧影像分析系統

☑ 應用 06：回客管理

利用手機集點、智慧商店票券核銷系統，加強消費者來店的黏著力。

通路為王 → 社群經營 → 智慧雲端

微定位技術雖然可以很有效率的將各種訊息推播到消費者的行動裝置上，但無論走到哪裡⋯，手機整天都是叮叮咚咚的，消費者勢必是無法消受的，就如同網路垃圾電子郵件的下場一般，消費者將拒收推播訊息。

消費者勢必只會選擇信賴的網站、商家、社群，選擇性的接收託播訊息，因此良好社群經營將是決勝的關鍵。

唯有建立完整的雲端大數據資料庫，客戶關係管理系統才能精準的發出推播訊息，對於引客、集客、拉客、回客才能產生真正的效果。

消費者個資

時代不斷演進：郵差送信時代 → 電話聯繫時代 → 電子郵件時代 → 社群連結時代 → 行動商務時代，但企業挖空心思取得消費者的個人資料的行為絲毫不變，因為掌握消費者個資是行銷的基本元素。

早期企業取得消費者個人資料多半是採取購買名單方式，向銀行、信用卡公司購買，因為每個有經濟能力的消費者都會有銀行帳戶或使用信用卡，消費者被迫要填寫個人資料，而不肖公司、員工就將我們的個資轉賣給各企業，因此消費者常常納悶，這些廠商為何知道我的住址、電話、姓名！垃圾信件、廣告、訊息讓人不勝其煩！這當然是違法的！

目前企業取得消費者個人資料的方法比較進步，利用各種免費服務、優惠方案、社群經營⋯；利用消費者貪圖便利、貪小便宜，讓消費者乖乖提供個人資訊，由於是消費者同意，因此是合法的！

電影「全民公敵」中，政府使用人造衛星由高空監控所有人的一舉一動，從此人們不再有隱私，生活非常恐怖！這將不再只是電影虛構情節，更嚴重的監控作業就發生在我們每天使用的電腦、手機、平板，螢幕後面都有一支眼睛在偷看我們瀏覽螢幕的每一個動作，哪一個頁面？哪一類商品？停留多久？搜尋關鍵字？觀看影片的種類？點播哪一位歌星的音樂？我們在網頁上所有的動作被記錄下來，並利用大數據 + 人工智慧作消費者行為分析，因此網頁上的廣告不再固定式，根據登入者身分不同、消費習性不同而提供差異化的廣告訊息，這是合法？亦或非法？

說明

Google、YouTube 就是智慧行銷的最佳案例。

法令永遠跟不上科技的進步！企圖用法令來保護個資更是不切實際，從商業的角度來看，利用社群經營讓消費者產生高度黏著性，應用雲端資料提供創新商業模式，將是企業核心競爭力的兩大主流。

4.5 生產自動化

工業自動化的根本

鴻海企業為全世界規模最大電子組裝廠，全名為「鴻海精密工業股份有限公司」，鴻海崛起並發家致富的核心競爭力就在「精密工業」4 個字，鴻海顛覆傳統模具製造的作業方式，將模具師傅個人經驗轉化為模具製作資料庫，從此建立全世界電子產業代工霸業！

所有零件都必須先有模具，才能進行自動化生產，因此模具製造是工業之母，設計、優化、生產模具的 3 種工具如下：

- **CAD：電腦輔助－設計**

  運用電腦軟體製作並模擬實物設計，展現新開發商品的外型、結構、色彩、質感等特色的過程。

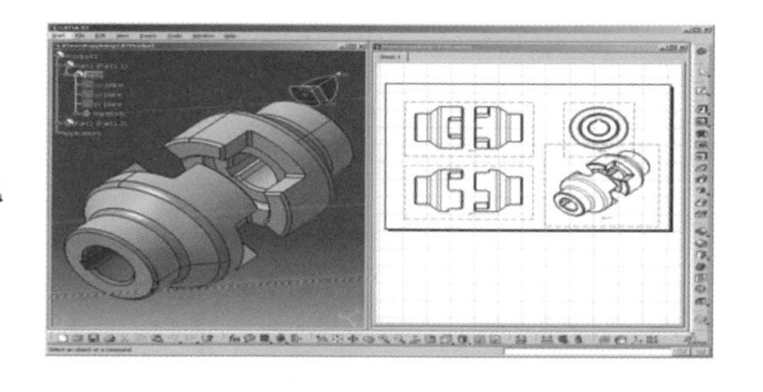

- **CAE：電腦輔助－工程**

  電腦輔助工程是使用電腦軟體模擬效能，以改善產品設計或協助解決工程問題的一種方法。

  （右圖：跑車的空氣力學模擬）

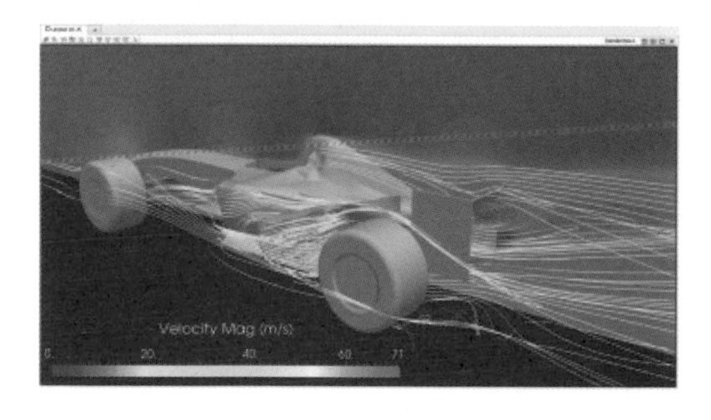

- **CAM：電腦輔助－製造**

  廣泛應用於各種機械製造業上。

  例如：數控機床，能自動更換刀具，自動進行車、鏜、銑、刨，進行複雜零件的加工。

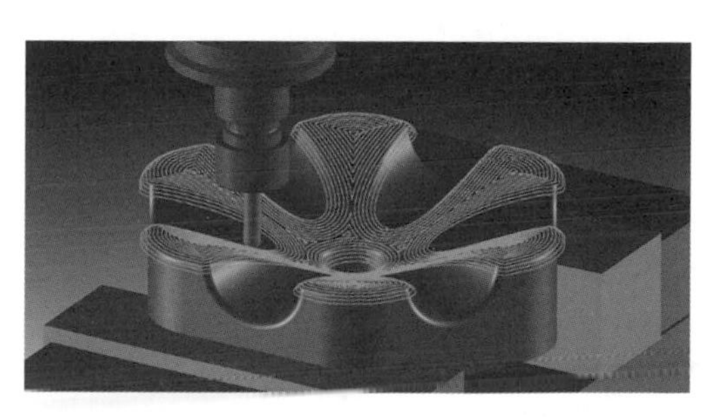

工業發展的演進

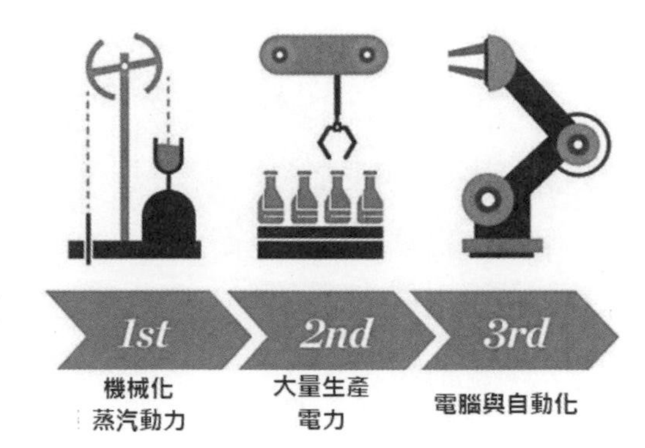

- **第 1 次工業革命**

  利用水力及蒸汽的力量作為動力源，突破了以往人力與獸力的限制。

- **第 2 次工業革命**

  使用電力為大量生產提供動力與支援，也讓機器生產機器的目標實現。

- **第 3 次工業革命**

  使用電子裝置及資訊技術（IT）來消除人為影響，以增進工業製造的精準化、自動化。

- **第 4 次工業革命**

  一切商業活動始於買方，整合採購、生產、物流、配送、服務的完整商業循環。

第 3 次工業革命仍然是以生產為主軸的產業發展概念，但由於生產力突飛猛進，造成產銷失衡、甚至供過於求的情況，生產力的提升不再是企業獲利的保證。

由於自動化生產技術大幅提升，造成生產力過剩、物資氾濫，因此消費者的喜好與需求變動快速，先生產後銷售的商業模式產生了極大的風險。

第 4 次工業革命也稱為工業 4.0 或稱為生產力 4.0，中心思想有 2 項：

- **先生產後銷售 → 接單後生產**

  以客為尊，先確認消費者需求，接單之後才啟動後續一連串的作業程序，包括：採購、生產、物流、配送、服務，由於是接單後生產，因此免除了商品滯銷及產量過剩的問題。

- **商業循環的整合**

  由於接單後生產，而客戶對於即時商品的要求同樣嚴苛，並不會因為企業以客為尊的訴求而降低，在作業時程被大幅壓縮的情況下，企業便必須對整個商業循環中所有作業流程進行整合，並利用物聯網科技達到工廠自動化控制。

單純的利用自動化只能提高生產數量，該生產什麼？何時生產？何地生產？生產多少數量？為這 4 個問題提出整合決策才是企業經營的核心競爭力，這就是工業 4.0 亦稱為生產力 4.0，也就是第四代工業革命。

工業機器人

生產自動化的執行者最理想的選擇當然是機器人，然而工業機器人的外觀一點都不像人，通常就是一支機械手臂，產業機器人的強項：精準、力大無窮、可由程式控制、沒有人類的情緒與疲勞。

工業機器人種類

線性機器人

在滑軌上作直線移動的機械手臂，若將多個直角坐標機械手作組合，就稱為直角坐標機械手。

SCARA 機器人

SCARA 機器人有 3 個旋轉關節，其軸線相互平行，在平面內進行定位和定向。另一個關節是移動關節，用於完成末端件在垂直於平面的運動，通常應用於裝配作業。

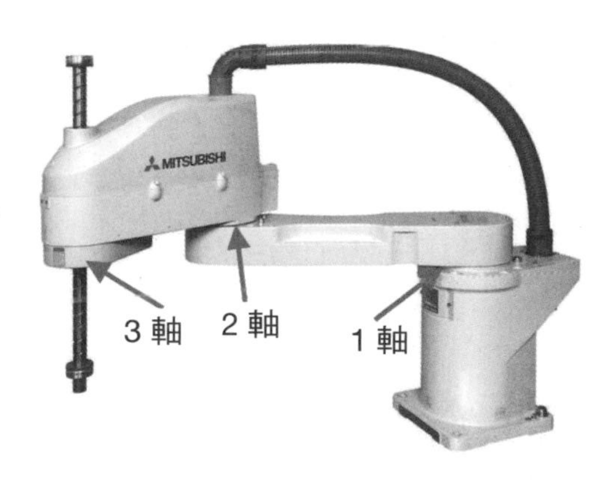

關節型機器人

多軸式機械手臂廣泛應用於汽車製造商、汽車零組件與電子相關產業。

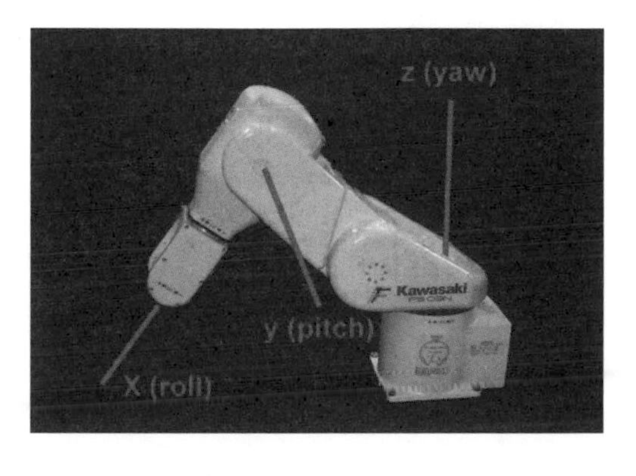

- **連桿機器人**

  又稱為足行機器人，是以跨步的方式到運動的目的，可應用於複雜地形如：樓梯、沙漠、壕溝等，由於機構的自由度多，相對的控制上也比較複雜。

機器人的核心技術包括智慧感測及運動控制技術。目前的工業機器人主要是朝兩種路徑發展，第一種是模仿人的手臂，實現多維運動，在應用上比較典型的是焊接機器人；第二種是模仿人的下肢運動，實現物料輸送、傳遞等搬運功能，如搬運作業機器人。

4.6 機器人產業

機器人發展四個進程

- **40-50 年代：萌芽階段**

  特徵：第一台可程式機器人（1954 年）

  緣由：美國橡樹嶺國家實驗室研發成果

- **60-70 年代：初階階段**

  特徵：由程式執行重複作業

  緣由：德國、日本戰後勞力短缺，且兩國工業基礎紮實，因此大力投入機器人產業。

- **80-90 年代：迅速發展階段**

  特徵：具備感知、回饋能力，在工業生產中大量使用。

  緣由：電腦、感測技術快速發展，對產業自動化產生關鍵性的影響。

- **21 世紀至今：智慧化階段**

  特徵：具邏輯思維、決策能力

  緣由：由製造業升級、產業自動化需求所帶動的科技創新。

機器人產業分析

機器人 4 大家族簡介

公司	國家	成立	重要記事
ABB	瑞士	1988	核心技術：運動控制系統 世界第一：1974 年開發第一台全電力驅動機器人。
KUKA 庫卡	德國	1898	主要客戶：汽車大廠 世界第一：1973 年開發第一台電機驅動六軸機器人。
FANUC 發那科	日本	1956	市佔第一：全球市佔率第一的數位控制系統生產商。 世界第一：1974 年開發第一台工業機器人，以機器人生產機器人。
YASKAWA 安川電機	日本	1915	核心技術：伺服器、運動控制器 世界第一：1977 年開發第一台全電動產業用機器人。

說明

機器人四大家族 3 個國家的國旗圖案都是以相當簡單的幾何圖形構成，這是巧合嗎？其中是否傳達了民族性與教育思維！

機器人 4 大家族營運規模與績效

ABB：公司市值最高 + 營業收入最高

發那科：淨利率最高

各國機器人產業發展領域

日本：汽車、電子、電機、家用產業

歐洲：醫療產業

美國：軍事、航太

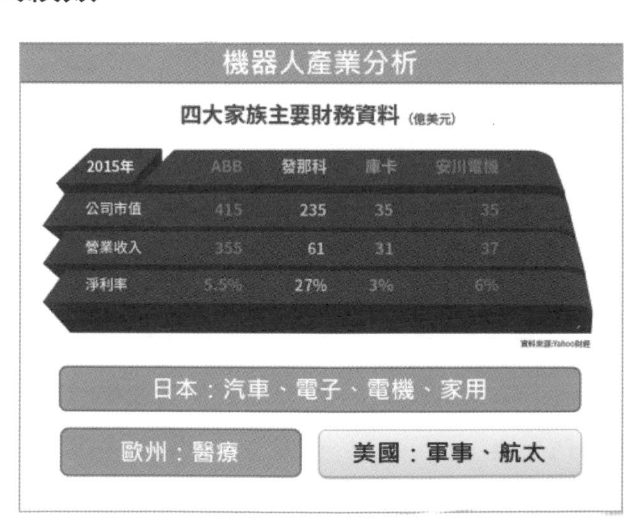

感知機器人發展進程

年度	重要技術、記事	代表作	研發國家、單位
1974	可以感知壓力	Silver Arm	美國：麻省理工
1979	有視覺能力	Stanford Cart	美國：史丹佛
1997	火星探測	探測者號	美國：太空總署
2000	接近人類運動方式	Honda Asimo	日本：本田汽車
2002	清潔機器人	Roomba	美國：麻省理工
2012	太空機器人	擬人作業	美國：太空總署

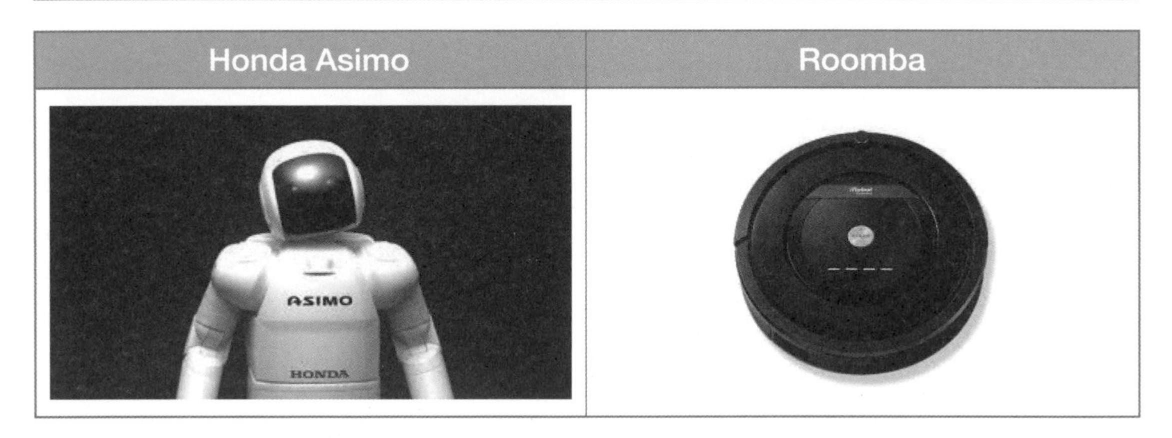

擬人、仿生機器人發展進程

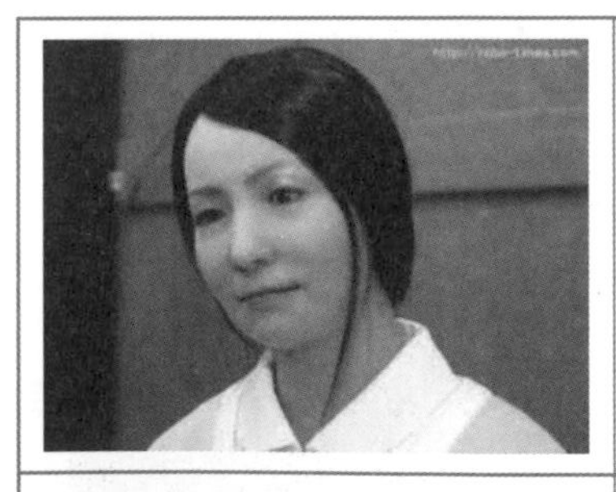	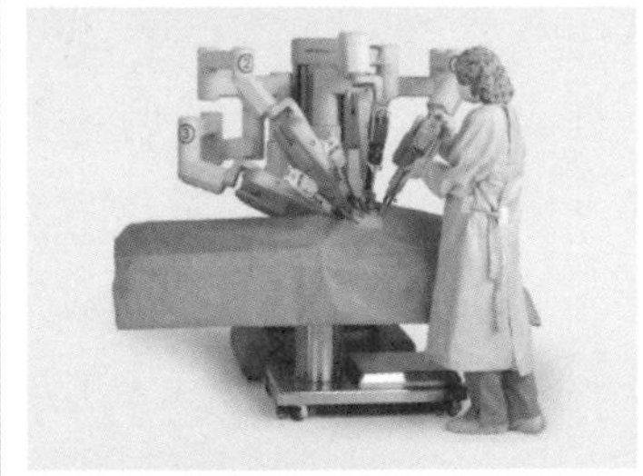	
● 年度：2014 ● 眼神交流、情境回答 ● 代表作：Actroid-f ● 研發國家：日本	● 年度：2014 ● 微型遙控機器人 ● 代表作：醫生機器人 ● 研發國家：美國	● 年度：2015 ● 仿生機器人 ● 代表作：偕同士兵 ● 研發國家：美國

☑ 療癒機器人代表作

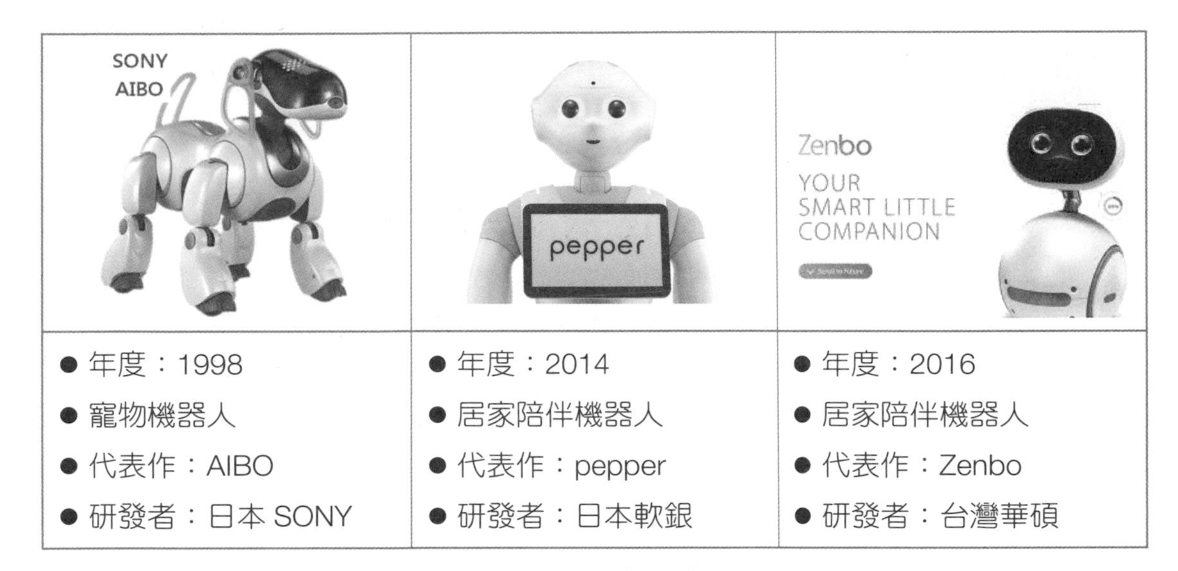

● 年度：1998 ● 寵物機器人 ● 代表作：AIBO ● 研發者：日本 SONY	● 年度：2014 ● 居家陪伴機器人 ● 代表作：pepper ● 研發者：日本軟銀	● 年度：2016 ● 居家陪伴機器人 ● 代表作：Zenbo ● 研發者：台灣華碩

Google 加入機器人大戰

曾經有一位長輩問我：「Google 的商業模式為何？所有服務都是免費的？公司如何生存？」，我被這個問題鎮住了！的確，一般消費者使用 Google 的服務幾乎完全是免費！

Google 是以搜尋引擎起家的，現在生活上任何疑難雜症找古哥大神就對了！我天天都得「Ok Google」幾次，Gmail 的市場佔有率世界稱霸，行動裝置上的 Office 軟體人人安裝，Google Map 更是神奇，出差、旅遊、逛夜市、上班，查看交通狀況、智慧行車路徑安排，這一切的一切都是免費！

當我們在享用 Google 免費服務時，Google 也把我們當成商品賣給企業，是真的嗎…？為了享受優質的 Google 整合服務，一開啟 Google Chrome 瀏覽器，我們就自動登入 Google 帳戶了，接下來你的關鍵字搜尋、瀏覽網頁的動作就會被記錄下來，這些就是有價值的消費者行為、潛在客戶資料。

新/知/補/給/站

Google 賣廣告案例

Google 蒐集到一天有數千人在搜尋「美白護膚」這個關鍵詞，Google 就會去找賣 SK-II 的寶潔公司，跟他說：Google 可以把 SK-II 的銷售廣告放送給這些正在搜尋「美白護膚」的人，這些人都是你們公司產品的潛在客戶，你要不要買 Google 的廣告？

Google 的強大搜尋引擎能力靠的是兩大法寶：

- **雲端資料庫：**大量資料比對，所以 Google 可以上通天文、下知地理。
- **人工智慧：**不斷自我學習、建立經驗後，Google 的回答越來越聰明。

目前我都是直接開口問 Google，不再使用鍵盤輸入關鍵字，隨著使用的次數增加，語音辨識能力越高，有時咬舌亂說 Google 一樣可以根據過往的經驗自動校正，太神奇了！

這兩樣法寶不只是商業應用的利器，Google 更將這兩大技術注入自駕車、機器人研發，Google 自駕車在公共道路的測試里程數已超過 200 萬英里，相當於擁有 300 年的人類開車經驗，不久的將來…，自動駕駛將成為趨勢，長久的未來人類要享受開車的樂趣只能到汽車遊樂園。

習題

( )	1. 麥當勞的「得來速」服務是基於哪一種考量所設計的？	(1)

(1) 以客為尊　(2) 最大營收
(3) 最大獲利　(4) 社會良心

( ) 2. 麥當勞的「得來速」服務與早餐店老闆娘的服務作比較，以下敘述何者是正錯誤的？ (4)

(1) 老闆娘比較貼心　(2) 老闆娘比較聰明
(3) 得來速免停車較便利　(4) 得來速會推薦優惠商品

( ) 3. 一維條碼的缺點為何？ (4)

(1) 太便宜　(2) 辨識度低
(3) 必須逐一掃瞄　(4) 只能儲存小量資料

( ) 4. 下列有關「二維條碼」的敘述何者錯誤？ (2)

(1) 辨識度高　(2) 可以有效率處理大量資料
(3) 英文名子為 QR Code　(4) 辨識度高

( ) 5. 下列有關「RFID 無線射頻識別」的敘述何者錯誤？ (3)

(1) 是一種非接觸式的識別技術
(2) 系統包含電子標籤、讀取器裝置
(3) 整批貨物一起感應容易產生干擾
(4) 感測距離：幾釐米～幾米

( ) 6. 下列有關「RFID 在庫存管理的應用」的敘述何者錯誤？ (4)

(1) 可以做走動式區域盤點
(2) 可設置在倉儲區出入口閘門
(3) 可設置在貨架上方
(4) 可埋設在地板下方

( ) 7. 以下哪一個項目不是使用 RFID 技術？ (3)

(1) i-Cash　(2) 悠遊卡
(3) QR-Code　(4) 高速公路收費 eTag

(　　) 8. 下列有關「NFC 近場通訊」的敘述何者錯誤？　(2)

(1) 是一種近距離無線通訊
(2) 也可用於長距離通訊
(3) 可避免駭客攻擊
(4) 最熱門的電子支付通訊技術

(　　) 9. 以下哪一個項目不是目前電子支付的領導廠商？　(4)

(1) PayPal　(2) Apple Pay
(3) Google Wallet　(4) Amazon GO

(　　)10. 以下有關「傳統行銷方案令消費者感到厭煩」的敘述何者是正確的？　(1)

(1) 對象、時機錯誤　(2) 贈品沒有吸引力
(3) 行銷媒體錯誤　(4) 商品價格太貴

(　　)11. 以下有關「汽車導航系統」的敘述何者是錯誤的？　(3)

(1) 利用 GPS 定位技術
(2) 提供駕駛人最合適的行車路徑建議
(3) 價格昂貴只能用於高級車
(4) 結合電子地圖、定位技術、人工智慧

(　　)12. 以下有關「第三方支付」的敘述何者是錯誤的？　(3)

(1) 可防止網路交易詐騙　(2) 美國是最早推動的國家
(3) 台灣比大陸進步　(4) 台灣的主觀機管室金管會

(　　)13. 以下有關「第三方支付」的敘述何者是正確的？　(2)

(1) 立法院積極推動相關法案
(2) 大陸的支付寶就是第三方支付平台
(3) 利潤豐厚銀行業者積極參與
(4) 大陸支付寶是抄襲台灣的

(　　)14. 以下有關「iBeacon」的敘述何者是錯誤的？　(2)

(1) 是 Apple 公司首先發表的的技術
(2) 採用高功耗藍牙
(3) 比"GPS、Wi-Fi"有更精準的微定位功能
(4) Beacon 又被稱為「NFC 殺手」

(　　)15. 以下有關於 O2O 的敘述何者是正確的？ (4)

(1) 電子商務將取代實體商務
(2) O2O：Off-line to On-line
(3) 將實體商務的客戶導引至線上消費
(4) 網上購買服務，在線下取得服務

(　　)16. 中文的血拚，指的指以下哪一個英文字？ (1)

(1) Shopping (2) Shipping (3) Chopping (4) Chipping

(　　)17. 以下有關「UBER」的敘述何者是錯誤的？ (4)

(1) UBER 是提供車輛共享 (2) UBER 可提供快遞服務
(3) UBER 可提供共乘服務 (4) UBER 在全世界都是合法的

(　　)18. 以下有關「Amazon Go」的敘述何者是錯誤的？ (3)

(1) 是亞馬遜開設的全自動實體雜貨商場
(2) 提供購物導引服務
(3) 最後在櫃台刷卡付帳完成交易
(4) 賣場內無付款櫃台

(　　)19. 以下有關於「創新商務應用」的敘述哪一樣是錯誤的？ (2)

(1) 機場導引系統採用 Beacon 系統
(2) 智慧試衣間採用 AR 技術
(3) 球場導引系統採用 Beacon 系統
(4) Kinect 動作追蹤感測技術是 Amazon 發表的

(　　)20. 以下有關於「個資」的敘述何者是正確的？ (2)

(1) 顧客有簽個資使用同意書，因此銀行可以將資料轉賣
(2) 掌握消費者個資是行銷的基本元素
(3) 商業團體購買消費者個資是合法的
(4) 將個資公告在網路上是資訊分享

(　　)21. 以下有關於「個資保護」的敘述何者是正確的？ (1)

(1) 社群經營是取得合法個資的有效管道
(2) 立法保護是最有效的方法
(3) 花錢買個資最經濟實惠
(4) 學生資料不受個資法保護

題目	答案
(　　)22. 以下哪一個項目是鴻海崛起發家致富的核心競爭力？ （1）精密工業（2）電子製造（3）企業併購（4）創新研發	(1)
(　　)23. 以下哪一個項目被稱為「工業之母」？ （1）電子通訊（2）模具製造（3）石化產業（4）機器人	(2)
(　　)24. CAD 指的是以下哪一個項目？ （1）電腦輔助－排程　（2）電腦輔助－工程 （3）電腦輔助－製造　（4）電腦輔助－設計	(4)
(　　)25. 以下有關於「第 4 次工業革命」的敘述，何者是正確的？ （1）以生產為主軸的產業發展概念 （2）增進工業製造的精準化 （3）一切商業活動始於買方 （4）讓機器生產機器的目標實現	(3)
(　　)26. 以下有關於「第 5 次工業革命」的敘述，何者是錯誤的？ （1）商業循環的整合　（2）先生產後銷售 （3）先確認消費者需求　（4）解決生產力過剩問題	(2)
(　　)27. 以下哪一個項目不是機器人強項？ （1）精準　（2）力大無窮 （3）可由程式控制　（4）具有思考創新能力	(4)
(　　)28. 以下哪一種機器人又稱為足行機器人，是以跨步的方式到運動的目的，可應用於複雜地形？ （1）連桿機器人　（2）關節型機器人 （3）SCARA 機器人　（4）線性機器人	(1)
(　　)29. 以下對於各國於機器人產業發展的敘述何者正確？ （1）美國：軍事、航太　（2）日本：醫療 （3）歐洲：汽車、電子　（4）中國：電子製造	(1)
(　　)30. 清潔機器人是哪一所大學研發的？ （1）史丹佛大學　（2）麻省理工學院 （3）日本東京帝國第大學　（4）劍橋大學	(2)

CHAPTER

5

綠色能源與智慧交通運輸

本章內容

5.1 大自然的反撲

5.2 先進綠色能源技術

5.3 台灣能源現況與發展與政策

5.4 電動車

5.5 智慧車輛

5.6 交通運輸產業政策

5.7 習題

產業發展 3 個基本要素：水、電、交通

能源是所有產業發展的基本條件，節能考量更是電子產品設計的基本功，在物聯網蓬勃發展的今天，能源取得技術的開發更是重要的課題。然而傳統能源：煤炭、石油卻會帶來嚴重空氣汙染並引發大氣溫室效應，而核能在日本核災事故後，已被各國列為無法控制的危險能源，因此開發符合環保、乾淨、安全、再生的綠色能源能為各國產業發展政策的重要標的。

物聯網在網路上串聯了所有物體，開創了許多新的商業服務與應用，但最終還必須仰賴實體的交通運輸，才執行所有的商業行為，在物聯網的加持下，交通運輸產業整個脫胎換骨：智慧化、無人化，創新商業模式悄然展開。

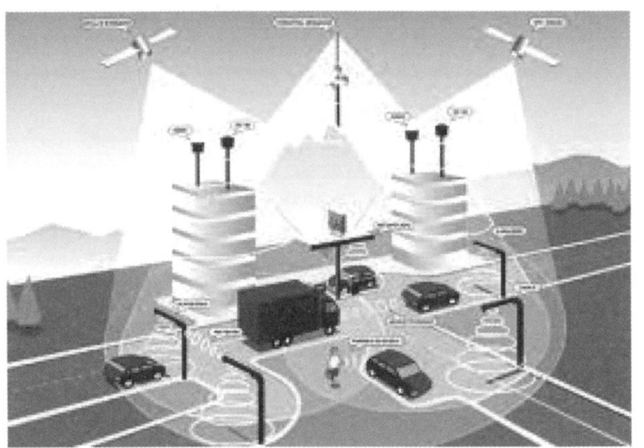

5.1 大自然的反撲

大陸自改革開放以來，以經濟建設為國家發展首要目標，30 年的快速成長讓大陸成為世界的工廠、全世界大二大經濟體，許多商品的標籤都標註：「Made in China」，大陸人在全世界旅遊、撒錢，頂級奢侈品在大陸狂賣，大陸人富起來了。

說明

30 年前台灣的產業發展被譽為「世界的經濟奇蹟」，名列亞洲四條龍之首，全世界量販店裡到處是「Made in Taiwan」的商品，當時有一句廣為流行的話：「台灣錢淹腳目」，用來形容當時產業的興旺與民間經濟的活絡。

台灣的山頭變禿了，河流變色了，天空變灰了，癌症患者變多了！這是以環境成本去替代經濟成本，拿命、拿環境品質去換錢，這是：「窮的只剩下錢！」。

北京的天空幾乎永遠是灰色的，空氣中瀰漫著燒焦的味道，每個人必須戴著口罩才能上街，最熱賣的產品居然是 PM 2.5 口罩、空氣清淨機，這是一個富有國家的首都嗎？

大陸北京冬季熱賣商品：
窮人第 1 名：PM 2.5 口罩
富人第 1 名：空氣清淨機

為了降低生產成本，未開發、開發中國家就會選擇傳統能源：煤炭、石油，因此產生嚴重的空氣汙染，另外由於基礎建設落後，家庭冬季供應暖氣大多還是燒煤球，更加重空氣汙染的嚴重性。

說明

有人會說：「大陸的暖氣供應為何不用乾淨的天然氣？」

如同問說：「沒飯吃為何不吃肉？」。

煤球只需要馬路就可運到每一個家庭，天然氣卻必須預埋管線，北京市是一個老舊城市，要在既有的道路、建築物下方全面開挖鋪設管線是不可能的，只能一段一段慢慢的改進，最起碼得花 20 年。

5.2 先進綠色能源技術

受到全球溫室效應的影響，天災發生的頻率提高了、危害的程度加大了！節能減碳成為多數國家的共識，綠色能源的開發也成為重要的解決方案。

綠色能源的代價

然而，新創科技在發展初期的成本勢必是昂貴的！這也是令多數國家躊躇不前的重要因素！

貴的能源 → 高的生產成本 → 高的產品報價 → 低的競爭力

但隨著科技的進步、生產流程的優化、製造方法的改進，綠色能源的生產成本勢必是隨著研發資本的投入與產業規模的擴大而降低，所謂先進國家的競爭力，也就是來自於對先進科技的研發與投入。

說明

解決家庭飲水的方案，以下兩個版本是「貧與富」觀念上的基本差異！

- 窮人方案：1 根扁擔 + 2 個水桶 → 馬上入山挑水
- 富人方案：蓋水壩 + 鋪水管 → 10 年後供應自來水

諺語：「天公疼傻人」，那不叫「傻子」而是「大智慧」，犧牲眼前利益做長期規劃！

自認聰明的人天天尋找捷徑，也只能騙騙自己，一輩子庸庸碌碌！那才是傻子！

歐洲人犧牲眼前便宜的能源，積極投入綠能開發，著眼的是未來 20 年的乾淨又便宜的能源，高的能源價格迫使工廠必須產業升級、投資再生能源、設計節能製程，高的能源價格迫使家庭改變用電習慣、購買節能家電、推動環保教育，一切都是正向的良性循環。

案/例/分/享

德國廢核

德國已宣示 2022 年將全面廢核，德國聯邦經濟部在其新能源政策白皮書中明白表示：「能源轉向不是免費午餐」。除了部分反映在電價帳單上外，德國政府亦編列其他預算投入能源效率提升、家庭設備節能與更新、以及新能源開發等等。

德國人十分清楚，能源轉向是要付代價的，德國人民選擇忍受高電價，並願意花費一兆歐元、約占德國三分之一的 GDP，以長達 40 年時間來完成，並得力行節能。

他們沒有關閉火力電廠，甚至還興建火力電廠、天然氣電廠，從法國買電，只為確保該經濟發展及穩定供電。即便能源轉向在執行上出現落差，包括電網建設不足、再生能源補貼過高、民生電價高漲等問題，但從官方到民間，執政黨到在野黨，從不迴避艱難問題，更不會刻意遮掩某些事實；因官民有高度共識，能源轉向遭逢的各種艱難，必定會找到解決的方法，最終達到廢核目標。

對照台灣的「無核家園」，政府沒決心、沒策略，政黨搞民粹、民眾貪小利，幾十年來「無核家園」就流於抗爭、空談，當然相關的產業發展也毫無進展。

成功方程式 = 決心 + 理性 + 務實

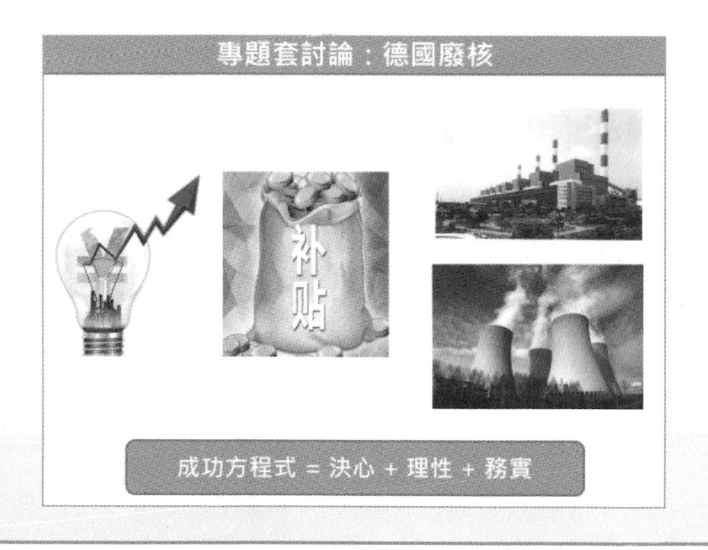

綠能 01 －太陽能

太陽能電池原理

太陽能電池是一種將太陽光能轉成電能的裝置，當光線照射在導體或半導體上時，光子與導體或半導體中的電子作用，會造成電子的流動，而光的波長越短，頻率越高，電子所具有的能量就越高。

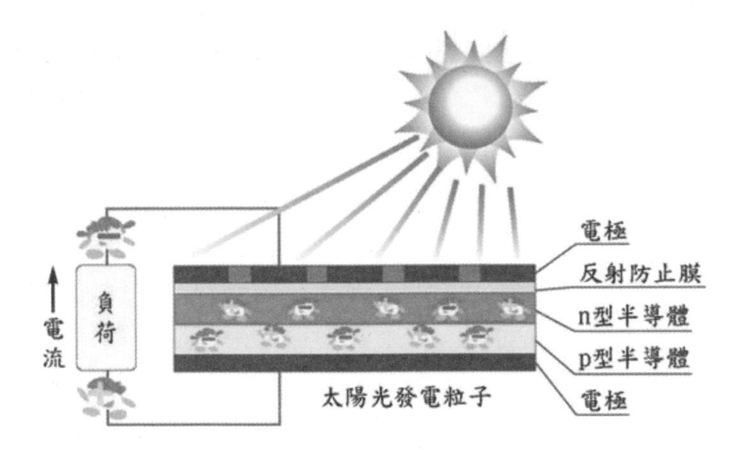

太陽能發電優缺點

太陽能是看天吃飯的，有 2 大缺點如下：

- **夜間無法發電：**可以預測。
- **雲層移動干擾：**不好預測，是嚴重的缺點。

因為受天氣影響極大，因此只能做輔助用，目前多採取可以在短時間內改變發電量的天然氣發電來作為搭配，太陽能可以降低天然氣使用量（成本）、天然氣發電則可以彌補太陽能的不穩定性，互補性極佳。

應用案例

- **聚光太陽能熱發電**

  轉化效率較高和技術成熟，不過缺點是體積較大和結構複雜。

高空太陽能發電

雲層上方陽光非常充足，而且效能不會因地區的差異而有任何差別。

目前有 2 種創新方案：

- 高空太陽能球
- 衛星太陽能發電

將太陽能發電系統氣球或衛星發射到太空中一個能夠不斷接受太陽光的地方，例如在赤道附近上空，便可以連續不停且穩定地接收太陽能，在轉換為電能後，以微波的方式傳回地球。

漂浮太陽能發電廠

京瓷集團在日本鹿兒島建設全日本最大的太陽能發電廠。這個 70 兆瓦的巨型太陽能發電廠，佔地 27 個足球場大小，產生電力能夠為 22,000 戶家庭使用。

將太陽能電板架設在水庫或湖泊上的 2 個優點：解決太陽能板佔地面積太大、水庫日照太大水分蒸發問題。

太陽能道路

法國北部的諾曼正式啟用全球第一條太陽能道路，長達 1 公里的太陽能道路造價約 520 萬美元，預計每天會有 2000 名駕駛人，穿梭在這條道路上，工程團隊將會花 2 年測試，看看太陽能道路能不能提供整座小鎮的路燈所需的電力。

如果測試成功，以後馬路上的瀝青柏油全部換成太陽能板，不但能夠為全國提供能源，還可以讓道路可以發光發熱，提供夜間照明，甚至是融化積雪，可說是一條自給自足的公路。

物聯網應用

物體要聯網一定要有電力，而且電力要能持久才會有實用性，利用太陽能充電是目前最可行的方式，衣服、包包、汽車、路燈、建築物屋頂、建築物牆面、橋梁…，任何物件都可鑲上大小不一的太陽能電池板。

目前產業概況

與傳統能源相比，所有國家太陽能發電的成本都太高了，請參考右圖比較表。

因此無一例外的，全世界政府對於太陽能產業都採取補貼政策，但根據太陽能面板產業數據，太陽能發電成本每年平均可降低 17%，預計 2030 年就可達到與傳統能源相同的成本水平。

臺灣各類能源發電成本

NT$/度(2015年)	台電自產	台電購入
燃煤	1.2	2.1
燃氣	2.7	3.3
核能	1.2	—
陸域風力發電	2.5	2.3
離岸風力發電	—	—
太陽光電	9.4	6.7

綠能 02 －風能

風能發電原理

風能是因空氣流動而產生的一種可利用的能量。空氣流速越高，它的動能越大。用風車可以把風的動能轉化為有用的機械能；而用風力發動機可以把風的動能轉化爲有用的電力。

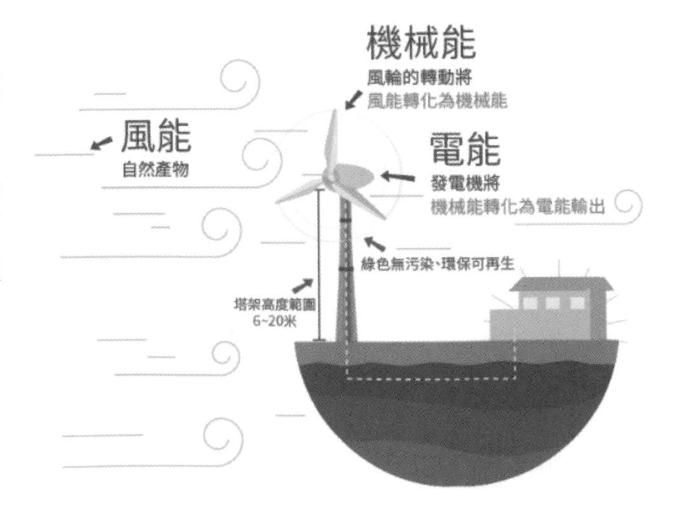

風能發電優缺點

- **優點：** A. 有風即可發電，無環境污染公害問題。
  B. 建造費用低。

- **缺點：** A. 電力小、不穩定，不能做為基載電力。
  B. 有地域性，必須有強風的地方。
  C. 噪音大，破壞生態景觀。

應用案例

離岸風力電廠

由於海上風能較為豐富，而且海上的空間資源明顯較陸地更優越，因此近年來風力電廠逐漸往離岸方向發展。

但離岸風力卻存在較高的技術門檻及發開成本，優缺點比較如下表：

	路上風機	離岸風機
運轉時數	2,400 小時 / 每年	3,000 小時 / 每年
技術門檻	複雜度低	複雜度高
建造成本	5,000~7,000 萬元 / 百萬瓦	15,000~17,000 萬元 / 百萬瓦
空間資源	有限	充足

無扇葉風力發電

西班牙新創公司 Vortex Bladeless 顛覆大多數人對風力發電機的可能想像，設計出一種「無扇葉」的風力發電機，形狀就好比倒插在地面上的蘆筍一般，錐體材質為複合玻璃纖維及碳纖維，讓錐體能盡可能產生最大值震盪，若有足夠的風量，空氣流動時產

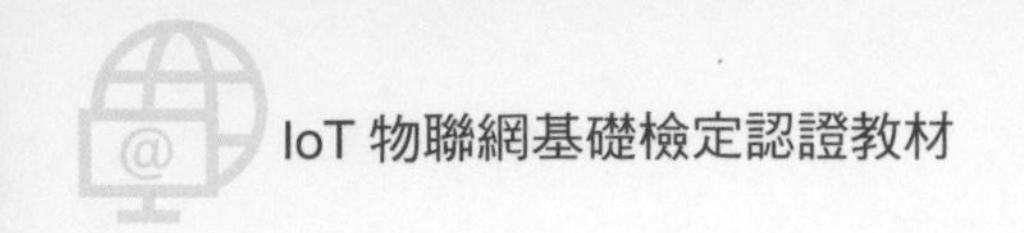

生的渦量就能造成風機塔架結構震盪與搖晃，將力學能轉換為電能，進而發電。

缺乏齒輪、螺栓或任何機械零件，Vortex 風機不須定期潤滑，相較於傳統風機，維護成本較低，且製造成本約較傳統風機減少 51%。此外，運作時完全無聲，「無扇葉」的設計對鳥類來說也更為安全。

Vortex 目前已於西班牙從政府及私人資金籌資約 100 萬美元，預計在今年年底前，將 9 英尺高、發電容量 100W 的風機應用於開發中國家，至於 41 英尺高的 Vortex Mini 將於 2016 年量產，更大型的商用規模風機可望於 2018 年問世。

高空風力發電

麻省理工學院（MIT）發展飄浮在高空中的高空風力發電，風力發電機與扇葉都放在一個甜甜圈般的氦氣球之中，飄浮在高空，得到日本軟體銀行（SoftBank）認同，軟體銀行宣布將投資 700 萬美元支持此計畫。

由於高空氣流愈穩定發電效果好，近年來風力發電機都往越來越高大的方向發展，但這也使得塔柱成本上升，塔柱愈長愈高也引起安全性上的疑慮，比起使用塔柱，飄浮技術可省下塔柱成本，而還能讓風機位於比塔柱所能及的範圍更高的空中。「空中甜甜圈」飄浮在 300 到 600 公尺高，在這樣的高度，同扇葉大小的風力發電機，發電效率為地面上的 2 倍。

案/例/分/享 **西班牙、丹麥風力發電**

西班牙風力發電在 2013 年發出 544 億 7,800 萬度電，佔西班牙全年總用電需求量的 20.9%，足以供電 1,550 萬戶家庭，首次成為西班牙最大電力來源，也成為世界上第一個以風力發電為首的國家。

西班牙每年 1 月、2 月、3 月與 11 月發電量為發電量的尖峰，此時剛好也是西班牙冬季用電高峰，風力發電為西班牙緩解了冬季用電需求。但風力發電完全是看天吃飯，因此電價批發價格波動十分劇烈，風力發電量最高的時候，批發電價降到每度電約 0.2 元錢新台幣；風力最小的時候，批發電價則為每度電曾經高達 4.6 元新台幣，同樣的，西班牙對於再生能源也採取國家補貼政策！

另一個風力發電的冠軍國家是丹麥，丹麥計畫在 2020 年達到 50% 用電來自風能的目標，丹麥風力發電的成就：

★第一個單月風力發電量過半的國家。

★2013 年全年統計，丹麥風力發電約佔全國總發電量的三分之一。

綠能 03 －水能源

水能發電原理

水力發電是利用水位的落差在重力作用下流動，例如：從河流或水庫等高位水源引水流至較低位處，水流推動輪機使之旋轉，帶動發電機發電，目前最成功的商業運轉模式是水庫發電。

水庫發電優點

- 發電時無污染物排放
- 營運成本低及穩定

  若連續以最大發電量發電計算，出售 5 至 8 年電力就可以收回建造成本。

- 可按需求供電

  水力發電可以快速調整發電量，用作調節供電量的緩衝。

水庫發電缺點

壽命有限

水力發電由於水庫內淤泥堆積，壽命有限，一般約為 100 年。

投資巨大

為安全考量，水壩要求品質極高，建造成本相當高。

破壞生態環境

上、中、下游生態全遭到改變，生物生長、遷徙都受到不可逆的影響。

大型水庫引發地震

大規模的地表壓力改變將引發地震，長江三峽大壩便是顯著的案例。

應用案例

潮汐發電

潮汐發電是以因潮汐引致的海洋水位升降發電，一般都會建水庫儲內發電。

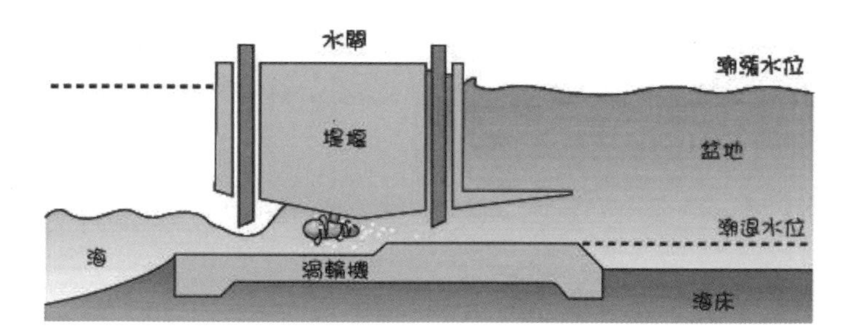

黑潮發電

許多洋流常年定向且穩定的流動，夾帶著龐大的動能，若能妥善運用這些能量，對人類文明與永續發展將有重要貢獻。黑潮是北太平洋環流的一支，流經台灣東部時，貼岸穩定往北且流速強勁，能提供大量且穩定的電力，具經濟規模與商業價值，且無排碳、不須燃料、供電持續，可用率達 0.7 以上，且建廠工程均屬成熟技術，無技術瓶頸，預估在發展成功後，建廠與營運成本可與未來之離岸風力競爭。

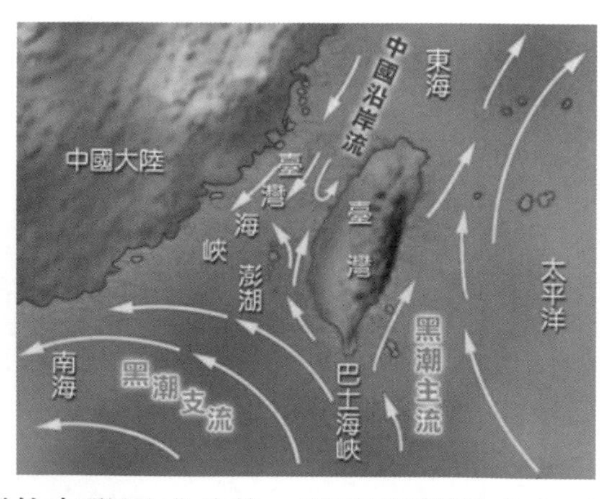

抽水蓄能式水力發電

將非尖峰負荷時多餘的電力儲存下來，尖峰負荷時間再將儲存的電力釋放出來。

舉例如下：

晚上用抽水馬達將下水庫的水抽送至上水庫，白天讓上水庫的水流至下水庫發電。

海水溫差發電法

主要是利用表層海水與深層海水的溫度不同來進行發電。

以深層低溫海水將氮氣冷卻液化，再以淺層高溫海水讓液化氮蒸發為氣態進而推動渦輪發電。

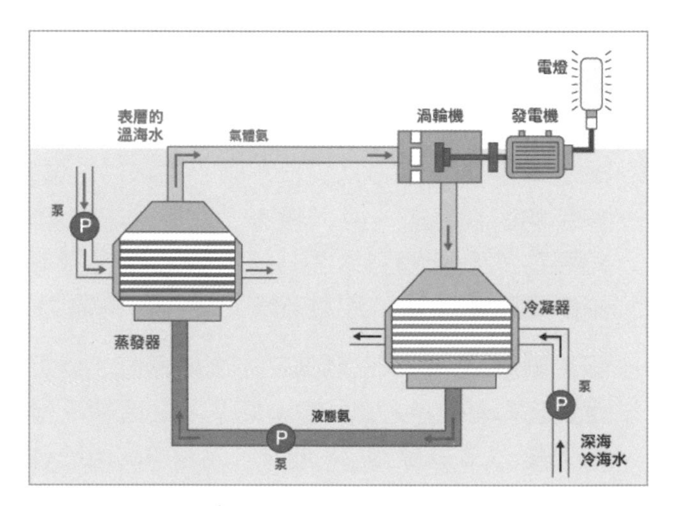

波浪發電法

波浪起伏造成水的運動，此運動包括波浪運動的位能差、往復力或浮力產生的動力來發電。波浪能是海洋能中能量最不穩定又無規律的能源。

英國發明的大海蛇是目前最成功的波浪發電系統，已進入商業運轉。

隨波搖擺動能	上下移動動能	左右搖擺動能
	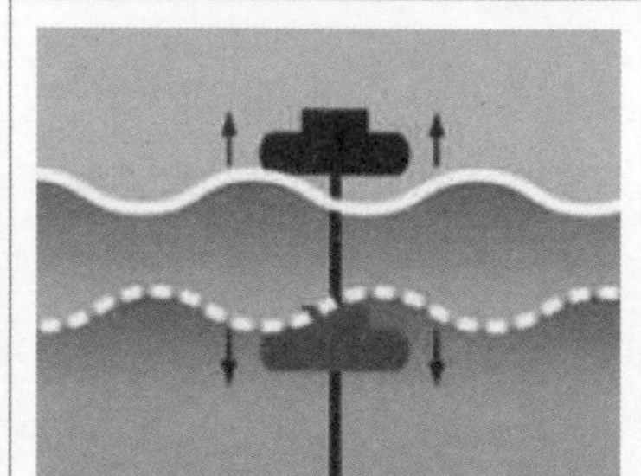	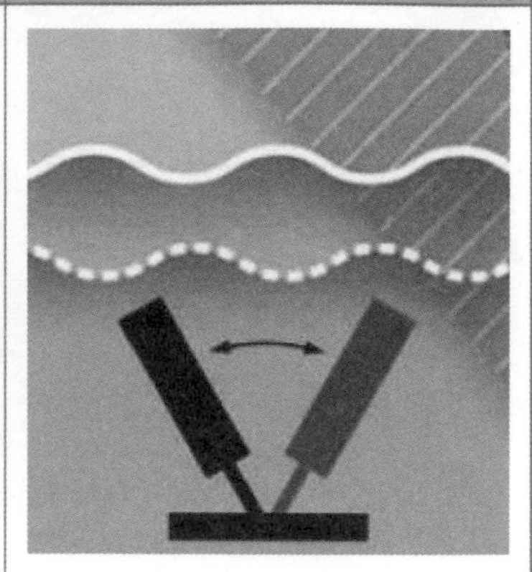

案/例/分/享

台灣黑潮研究成果

洋流黑潮發電將不再只是夢想！在科技部支持下，由中山大學副校長陳陽益所帶領的研究團隊，共同發布「深海洋流發電機組」這項令人振奮的研究成果。只要從南到北設置 3 到 4 座「深海洋流發電機組」，就能取代目前國內的 3 座核能電廠供電量，即每天約 400 萬度的電力。

研究團隊 2015 年三月先在小琉球模擬，以工作船拖曳發電機組產生相對流速，證實在每秒 1.43 公尺的流速下，平均發電量為 32.57 千瓦（kW）。七月在屏東縣東南方海域離岸 18 海浬、水深 900 公尺處建置測試系統，成功完成發電測試。

5.3 台灣能源現況與發展與政策

台灣的能源礦藏相當匱乏，煤、石油、天然氣幾乎都是仰賴進口，核能燃料也是仰賴進口，國內自行產生的能源僅有抽蓄水力 6.3% 與再生能源 8.7%，如下圖：

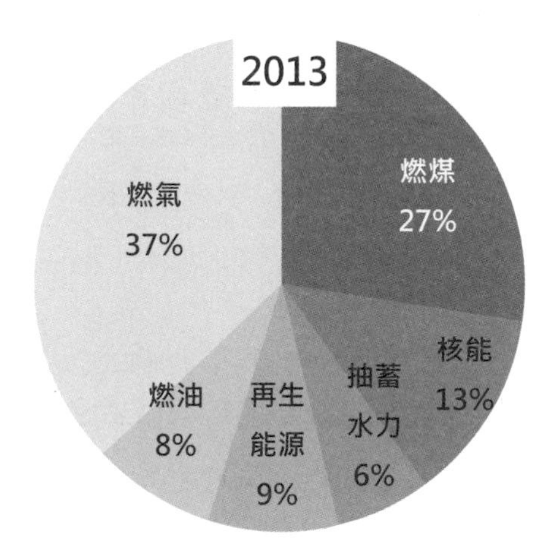

台灣民間團體多年來致力於「無核家園」的推動，但政府政策始終搖擺不定，更提不出確實可行的能源替代方案，政府部門無能卸責，擁核、反核民眾天天口水論戰。

台灣雖然是能源礦藏極度缺乏的國家，但環境所提供的綠能資源卻十分豐沛，因此在綠色能源產業的發展上台灣擁有得天獨厚的條件，但目前綠色能源的開發成本都偏高，全部都靠政府補貼。

由於能源價格將會影響到所有產業的生產成本，長期以來台灣政府都是政府補貼來降低電價，以期提高產品出口的競爭力，由於電價成本被扭曲，因此原本不具競爭力的高耗能、高污染的產業（例如：水泥業、石化業、鋼鐵業）都進入台灣，由於電價便宜，廠商投資汽電共生熱回收系統的意願也相對不高，民眾平日用電也不知節約，當台灣廠商已具備世界競爭力的當下，犧牲環境、國人健康以換取經濟利益的能源補貼的政策也必須改變了。

根據聯合國氣候變遷綱要公約，節能減碳已經成為全球各國一致的共識，台灣外銷產品要進入歐美國家勢必得接受高規格的環保要求，所以綠能發展是台灣唯一的出路，有政策規劃能力、說明能力、執行能力的政府，才能讓台灣在這條全球競爭的不歸路上繼續往前進。

5.4 電動車

工業區的空氣汙染排放來自於生產的工廠，都會區的空氣汙染來自於汽車的廢氣排放，由於空氣汙染與石油價格波動的雙重影響，所有汽車廠也都致力於各種新式汽車動力科技的研發，例如：替代能源車（天然氣、乙醇等）、太陽能車、油電混合車、純電動車、氫氣動力車。

純電動車 – TESLA 崛起

傳統汽車廠由於現有市場的包袱，不肯放開手腳全力發展電動車，一直到純電動車廠 TESLA 的出現，才打破純電動車發展的技術瓶頸，引領汽車產業走向下一個世代，TESLA 的成功結合了科技、技術、資金及商業策略，以下是 TESLA 商業策略 3 部曲：

第一階段

大多數的消費者對電動車的既有印象就是「馬力不足」，因此 TESLA 的首要工作便是扭轉消費者的既有觀念，以科技技術發展為主，以超級跑車為挑戰對象，證明電動車在馬力、車速的表現上完全超越汽車。

結果：從靜止加速到 0-96 公里 / 小時的加速耗時僅 3.9 秒。

第二階段

以創新、科技、品味、環保為訴求進軍高級車市場，以雙 B 等高級車系列為挑戰對象。

第三階段

以高性價比挑戰中低階車市。

車型：Roadster

價格：10 萬美金

年度：2008

車型：Model X、Model S
價格：8 萬、6 萬美金
年度：2012、2014

車型：Model 3
價格：3.5 萬美金
年度：2016
備註：Model 3 開放線上預購創下 40 萬輛佳績

電動車發展問題與解決方案

電動車發展的問題始終圍繞在「電池」這個核心問題上，TESLA 最終採取 Panasonic 的 18650 電池，經過多年專注在電池技術整合與創新，達成以下成果：

- **電池續航力**

  目前電動汽車的續航力已達到 400KM，與目前的汽油車相近。

- **充電時間**

  根據 TESLA 最新官方發佈資料，充滿電池的時間已縮短到 5 分鐘，這已經跟加滿一箱油的時間差不多了。

充電站普及化的問題，在原有的加油站增設充電設施是最快的解決方案，不過這仍然是舊思維，汽車加油必須去加油站，是因為家中不可能裝置一個儲油槽，不經濟也太危險，但家家戶戶都有電源，開車到外面去充電便是不合理的行為，以下我們來參考幾個新思維的解決方案：

- 歐盟宣布 2019 年「電動車充電器」將成為新屋必備「家電」，家中車庫就是充電站。

- 所有停車場、路邊停車空間提供充電設施，停車場即是充電站。

- 車身由太陽能晶片所包覆，有太陽時在外開車就即時充電。

- **無線充電道路：**

  英國政府試點推行電動汽車路面無線供電設備。在行駛過程中，電動汽車上的無線設備可以捕捉到埋在道路內部的電線所產生的電磁場，並將其轉換成電能。

無線充電技術

「無線充電」是利用一種特殊設備，將電源插座的電力轉變為可充電的電波，在沒有電線連結的情況下直接對電子設備充電。無線充電大致上是通過磁場輸送能量。無線充電還有一個好處是省電，無線充電設備的效能接收在 70% 左右，具備電滿自動關閉功能，避免了不必要的能耗。而且，這個效能接收率在不斷提高，很快將能達到 98%。對於不同的電子產品，電源介面能自動對應，需要充電時，發射器和接收晶元會同時自動開始工作，充滿電時，兩方就會自動關閉。它還能自動識別不同的設備和能量需求。

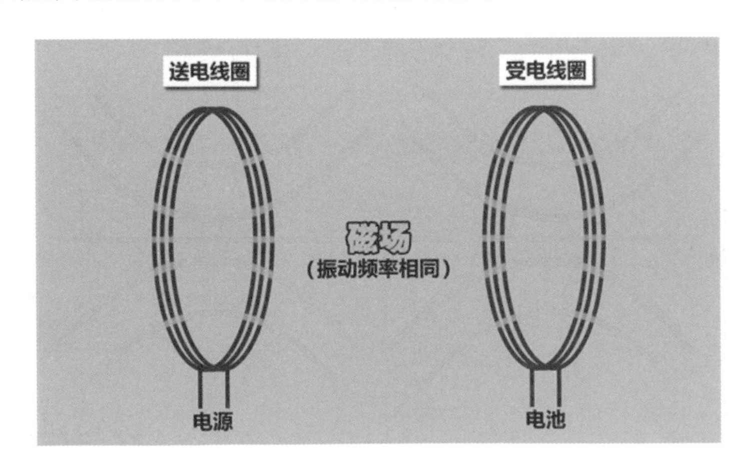

5.5 智慧車輛

1977 年火星塞的發明讓汽車進入自動化時代，今日物聯網的發明讓汽車進入智慧化時代，漸漸的，車上的機械零件變成了電子零件，又再度提升為通訊零件。

在實體車輛構造的演進中，工業革命的代表作「汽油動力引擎」即將被替換為「電動馬達」，全車電子化的時代已悄悄來臨，搭配物聯網帶來的：感測技術、無線聯網、雲端資料庫、人工智慧，無人自駕車的技術研發已進入成熟階段。

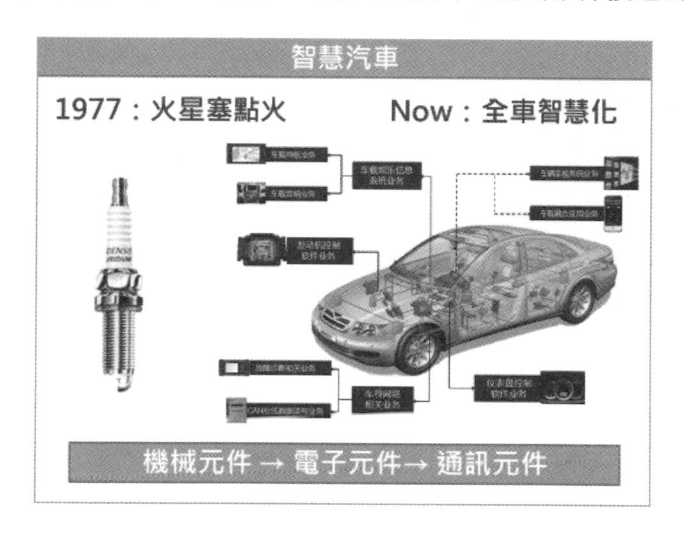

車內聯網

汽車零件具備無線傳輸能力可以產生什麼效益呢？

☑ 案例一

在輪框邊緣安裝胎壓偵測器，無論是輪胎洩氣或是爆胎，透過無線傳輸將此訊息傳送到汽車中控中心，就可以發出警示聲響，讓駕駛人即時做出安全因應措施。

案例二

汽車引擎的轉數、溫度…資訊透過無線傳輸都可以被記錄在汽車中控系統，當引擎狀況異常時，中控系統可發出警示訊息，更可進一步透無線傳輸能力預約車廠保養服務，目前定期保養的服務模式，將會有革命性的變化。

案例三

汽車駕駛的行車習慣、行車時間、行車路徑都可被記錄下來，目前汽車保險根據：性別、年紀…等不合理不科學的保險計費方式，將會產生革命性的變化，達到高風險高保費的計價方式。

搭配駕駛人生理狀態監測系統，立法強制駕駛人體能低標即引擎熄火的功能設計，就可大幅降低酒醉、過勞駕駛肇禍的悲劇。

案例四

透過車內配置無線藍牙系統，手機與汽車完全整合，車上可立即享受：影音娛樂（例如：Youtube）、Google Map（行車導航）。

手機與汽車的整合又帶來產業界生存的腥風血雨，原本車上的影視系統（包括：電視、收音機、DVD）被手機取代了，只有螢幕與喇叭還留著、GPS 汽車導航都也被手機 Google Map 取代了！

車外聯網

大部分的車禍都肇因於駕駛人的「疏忽」，如果車輛可以將本身的行車資訊（目前位置、行車方向、車速、目的地…）傳輸出去，也能接收附近車輛傳遞過來的行車資訊，那麼透過此車聯網的技術，就可免除駕駛人的「疏忽」，大幅降低車禍發生率。

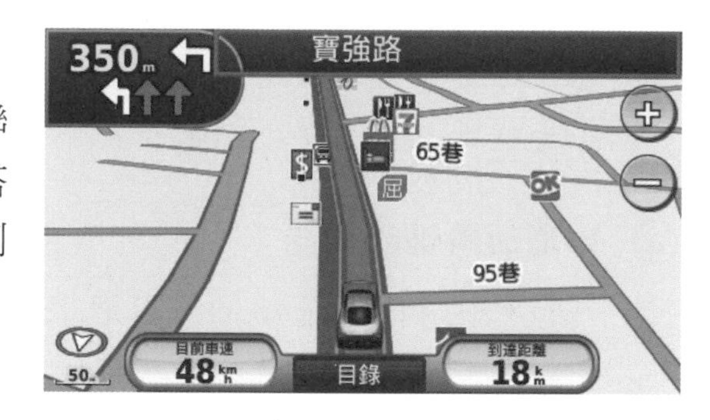

除了車聯車，車還可以與交通號誌聯網，更可與地區交通控制中心聯網，搭配雲端資訊系統、人工智慧系統，規劃出最節能的車速、最省時的行車路線。

車聯網的雲端資料庫結合共享經濟的概念，車輛共乘將會成為新的趨勢，大眾捷運系統將不再是最有效率的都會型大眾運輸工具。

無人車

汽車輔助駕駛系統進入市場已有多年，目前最能引起消費者目光的是「路邊停車」功能，解決駕駛人技術不佳的窘境。

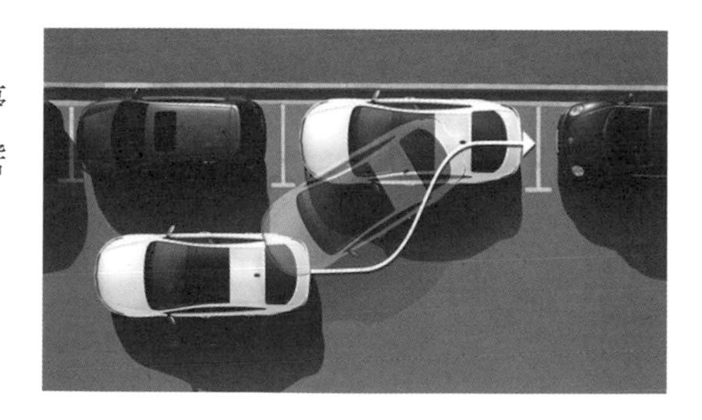

輔助駕駛系統主要功能是增加車輛的自動化和道路行駛的安全性。常見的輔助駕駛系統如下案例：

車載導航系統

俗稱 GPS 衛星定位導航，目前 Google Map 是業界佼佼者。

自適應巡航控制系統

利用系統控制油門定速行車，在長途駕駛中可大幅降低駕駛人體力負荷，利用感測器掃描前方車輛距離與速度變化，通過電腦對油門和剎車的控制來保持與前車的安全距離。

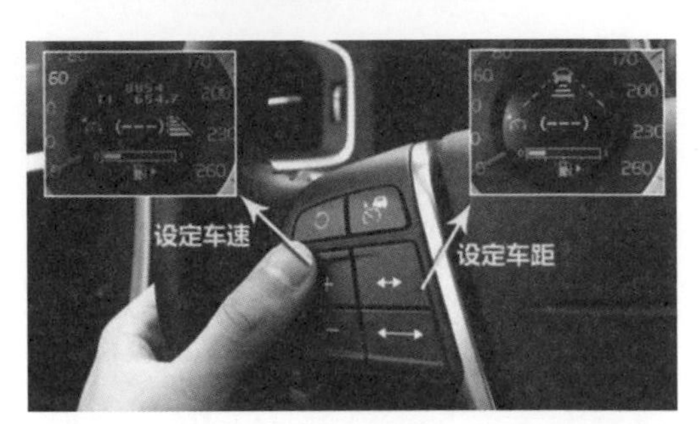

車道偏離輔助系統

系統利用車頭攝影機偵測車道線，當車輛即將跨越車道標線時，系統會主動施加一道溫和的轉向推力，將車輛引導回到車道中央。

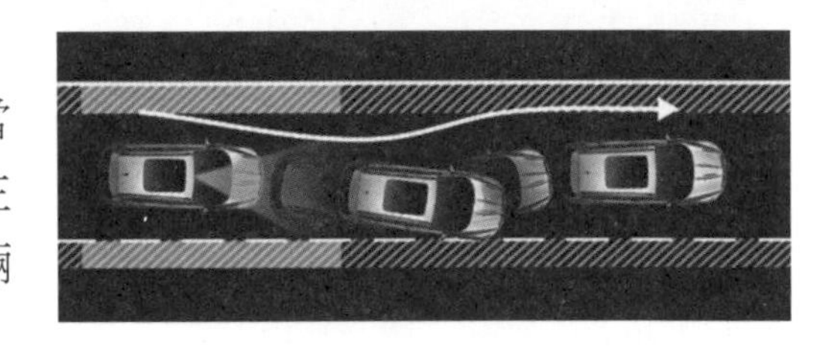

換車道輔助系統

可監控車輛後方區域及視線盲點區域。如果有車輛出現在盲點區域或從後方快速接近時，系統將透過車外後視鏡上的一個視覺訊號警告駕駛。

防撞警示系統

以雷達偵測與前車的距離，若系統判斷車距過近，先是透過警示信號提醒駕駛人減速；若駕駛人並未減速，煞車輔助系統便會介入煞車，甚至加強煞車力道。

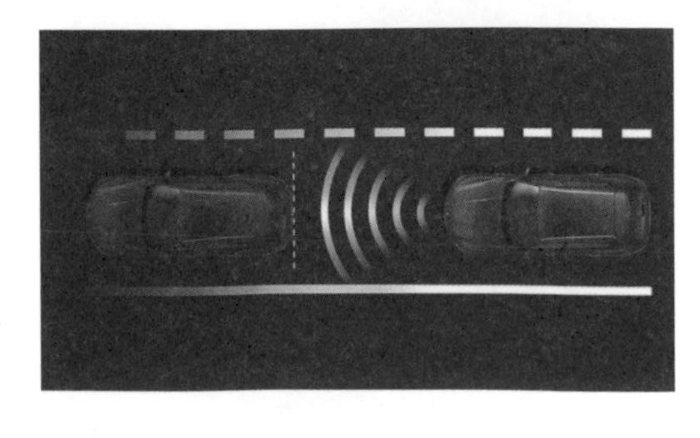

以上都只是輔助系統，都是半自動的，還是必須有駕駛人，大多都是由車廠研發出來，做為汽車加值功能，也多半配備在高級車種上，隨著各式各樣的輔助系統技術的開發與精進，「無窮的慾望」再度催生「無人自駕車」的實踐。

以上各種車輛輔助系統都是車聯網的技術應用，搭配雲端資料庫、人工智慧，無人自駕車的研發更是漸趨成熟。

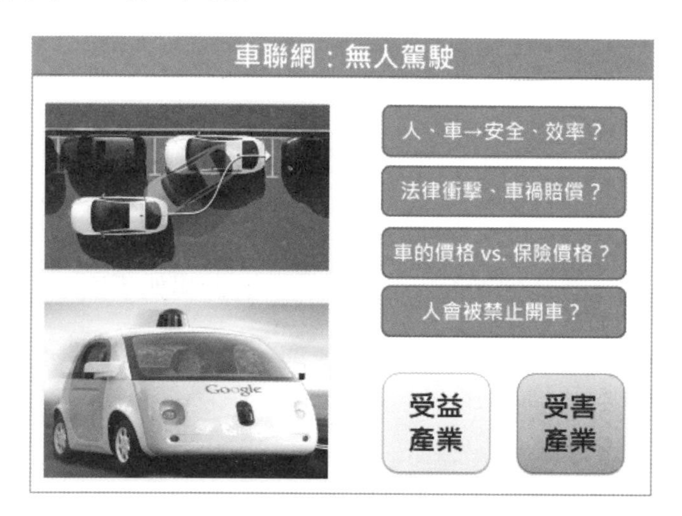

人的體力、注意力隨著生理狀況會有高低起伏，駕駛人體力、注意力降低時就容易發生車禍，利用車輛自動駕駛技術來取代人類駕車，是一個必然的趨勢。

當然這還牽涉到人性面、法律面的問題：

- 車輛自駕系統不是 100% 可靠，發生事故怎麼辦？
- 自駕車撞了人、車撞了車，該由誰來負責？

類似這樣的問題都蠻可笑的！不過偉大的報章雜誌就是在探討這種八卦問題來維持生計，筆者見解如下：

- 人更不是 100% 可靠，發生事故怎麼辦？不斷的酒駕仍然無法禁絕酒駕上路，更該怎麼辦？
- 人駕駛同樣會撞了人、車撞了車，而且機率更高？該由誰來負責？

新科技的應用該討論的不是 100% 的安全可靠，因為這樣的討論只是淪於口水論戰毫無意義，自駕車取代人類駕駛應該探討的是：

- 自駕車是否提供比人類駕駛更高的可靠度？
- 自駕車是否提供比人類駕駛更高的方便性與經濟效益？

以上兩點的答案絕對是肯定的，後續須要解決的問題是：

- 法律條文對於車禍責任認定、責任分攤的修正。
- 制定法令對於自動駕駛系統：規範、審核、監督的執行辦法。

案/例/解/說

Google 自駕車試驗成果

研究數據指出交通事故肇因有高達 94% 是人為疏失，因此 Waymo 努力精進自駕技術，期望盡早將自駕車推出上路，有效降低因疲勞或分心所造成的交通意外，確保行車安全。（註：Waymo 是 Google 旗下子公司所研發的自駕車。）

美國交通監理單位報告中揭露 Waymo 試駕統計資料如下表：

年度	試駕總里程數	自駕失效 人力介入次數	每千英里 自駕失敗次數
2016	635,868	124	0.2
2015	424,331	341	0.8

試駕地點：美國加州

說明

★Waymo 自駕系統在測試過程中，遇到危急或難以判斷的路況而須立即由駕駛人員介入的情況減少，說明 Waymo 在自駕系統軟硬體各方面效能都有所提升，相關技術更進步成熟。

★Waymo 自駕車經過多年測試，里程數至今總共累積超過 250 萬英里。透過每一次解除自動駕駛的經驗，不斷教導與精進 Waymo 自駕技術。

★藉由上百個模擬場景調整細節參數，Waymo 過去一年在模擬場景行駛超過 10 億英里，著重於因應人們可能遇到的各種複雜路況，現也正加快測試腳步，實際在私人測試道路、模擬場景及公共道路等進行實測，並於 2017 年 4 月 25 日起在美國亞利桑那州鳳凰城地區，招募數百名自願者進行試乘活動。

5.6 交通運輸產業政策

國家發展、地區發展、產業發展都必須先搞定交通運輸，交通方便了才能聚集人與物，有了人流、物流才能創造商流。

政府在某一個偏遠地區開闢一條馬路…，產生以下連鎖效應：

A. 有了路，車就會開進來，就有人投資設立加油站…

B. 車要加油，人要吃飯，就有人投資設立餐廳…

C. 有人不喜歡夜間開車就會留宿，就有人投資設立旅館…

D. 留宿的旅人需要娛樂，就有人投資設立酒吧…

E. 加油站、餐廳、酒吧的員工變多了，購物商場成立了、房地產漲價了…

無人機、無人車送貨服務

Google 無人汽車進入實際道路測試階段的同時，電子商務巨擘 Amazon 也投入了無人機送貨的測試，為何電子商務的廠商會投入到物流運輸產業？消費者的慾望是天天成長的，一星期到貨 → 3 天到貨 → 隔日到貨 → 4 小時到貨，電子商務的競爭不再只是商品的多樣性、價格，消費者現在更在乎的是網路上提供的購物經驗，隨著交易量不斷膨脹，實體物流商品配送成為電子商務決勝的關鍵。

以科技、自動化來解決物流配送的瓶頸：人力需求、交通瓶頸，是一個必然的趨勢，以無人機送貨所需的相關技術都已經非常成熟，目前缺少管理法規，若放任無人機到處飛勢必引發以下問題：國家安全（炸彈攻擊）、飛航安全（影響飛機起降）、個人隱私（偷拍）…，因此必須有完整的立法配套，但對於新科技的應用各國有不同的態度與策略。

案/例/解/說　英、美政府無人機應對態度

由英國民航局（Civil Aviation Authority，CAA）所推動的跨政府部門小組，不僅准許亞馬遜在視線範圍以外的近郊或農村測試無人機，也讓亞馬遜測試無人機感測器性能，確保無人機能辨識及避開障礙物，甚至允許單一操作人員同時操控多架高度自動化無人機。

英國政府如此大力支持推動亞馬遜無人機測試計畫，反觀美國聯邦航空總署（FAA）的法規限制卻是又多又嚴，兩者形成強烈對比。今年 6 月 FAA 所發布的小型商用無人機最新法規，當中有許多規範都不利於無人機送貨業者，包括限制無人機只能在操作者視線範圍內飛行、每位操作人員每次只限操作一架無人機等等，對推行無人機送貨計畫的亞馬遜、沃爾瑪（Walmart）、Google 等企業造成極大阻力。

除了各國航空主管單位的的飛航法令監管外，無人機送貨的真正瓶頸在於停機坪，非都會區的住宅周圍到處有空地，停機坪不是問題，不過非都會區的人口、消費能力遠低於都會區，因此都會區的解決方案才是問題核心，但現行都會區的都市公共基礎設施建設計畫、建築物法規都沒有停機坪的相關強制規範，這又是新科技產業發展需要政府政策制定與立法配合的一個案例。

共享經濟

Internet of Computer 最大的貢獻在於分享資訊，Internet of People 最大的貢獻在於分享人脈，Internet of Thing 最大的貢獻在於分享資源。

共享單車（Ubike）在全台各都會區受到熱烈歡迎，這不會只是一時的流行，買腳踏車變成租腳踏車，因為分享讓消費者的滿足慾望的成本降低了，不用維修、不會失竊、不用保管、A 地借 B 地還，提供太多便利了，更填充了都會區交通運輸的最後一塊拼圖。

單車可以共享，汽車是否可以共享？房屋是否可以共享？答案是必然的！ Uber 的汽車共享、airbnb 住房分享…，藉由物聯網的興起這些新的商業模式正在全世界試運行，衝擊著舊產業、舊法規，更衝擊著消費者習慣與經驗。

台灣政府應對 Uber 的新商業模式只有一招：「於法不合」，無創新思維、無應對能力、無政策、對於全民更無政策說明能力，搞得烏煙瘴氣，形成政府、業者、消費者、計程車業者全輸的局面。

一切保持原狀，對於新事物永遠說 NO 是最簡單的，但就猶如清朝的閉關自守政策，以天朝自居的鎖國策略必將使台灣陷於被邊緣化的境地。

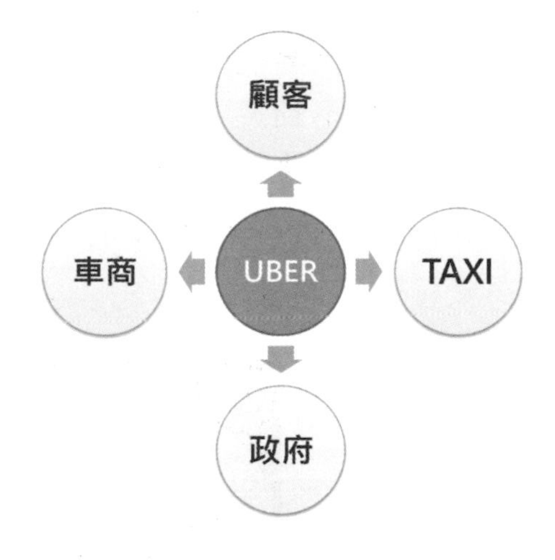

人民素質 → 優質領導團隊 → 執政良心 → 優質產業政策

公務人員年金改革方案沸沸揚揚吵了 N 年，國民黨舊政府沒有執行力因此久久未能推出政策、法案，民間不斷傳出：「公務人員退休基金要破產…」的傳言，因此符合退休資格的公務人員就像難民潮一般，大量申請提早退休以免權益受損，所有公務人員無心戀棧，無法退休的年輕人更是前途茫茫！

新政府上台後採取的革新手段居然是：「將公務員醜化為肥貓」，讓公務人員成為人民公敵，上司（政府）醜化自己的屬下（公務員）以博取老闆的掌聲（人民），以製造對立來達到改革的成果，就算年金改革成功了，社會階層對立所要付出的代價絕對是得不償失！

在台灣說：「你是公務人員⋯，」可能涉及公然侮辱罪，「公務人員」這種職業是一種貶抑的名詞，代表：違反世代正義、自私肥貓，年輕人進入一個完全沒有尊嚴的職場，能夠成長並有所發揮嗎？這樣的公務人員我們能期望：「廉能」、「效率」、「創新」嗎？

台灣的 2 選 1 政治 → 1：國民黨（笨蛋）、2：民進黨（壞蛋）

退休年金政策的制定居然沒有考慮到經濟波動影響人口成長，人口成長停滯 N 年期間政府居然坐視不管，這就是目前台灣年金問題的根源。

- **錯誤年金制度規畫、政府的不作為：**

  新加坡政府的優異執行力加上公務人員廉潔與效能，2015 年新加坡創造出人均 GDP 52,888，反觀台灣卻只有 22,288，比較數字後我們可以很清楚的知道台灣經濟停滯不前、競爭力下降，進而導致實質薪資 20 年來倒退嚕，賺不到錢讓年輕人感到前途茫茫，高房價更摧毀年輕人的夢想，不婚、不生就是最殘酷的惡果，人口減少了，年金沒人繳了，領錢的老人家多過繳費的年輕人，年金制度勢必破產！

笨蛋！問題在經濟⋯

1970 年代台灣是亞洲四小龍之首，當時新加坡是不如台灣的，當時雖然是威權統治，但是人人有錢賺、有希望、有榮耀，政府團隊人才輩出，帶領台灣順利進行產業轉型與升級，並順利度過能源危機。

1995 年台灣推出亞太運籌中心，20 年過去了，所有外資放棄對台灣的投資，轉向將總部設於新加坡，為什麼呢？

- 政府通過的投資案居然被民眾圍廠抗議，政府完全沒有公信力，更缺乏政策擔當。
- 投資案申請居然必須經由不同政府部門蓋五千多個章，政府部門缺乏效能、執行力。

以上兩個案例都是筆者這些年來經歷的社會亂象，今日執政團隊標榜高學歷，表現出來的卻是低執行力，由「勞動基準法：一例一休」的實行結果，更充分暴露出政府團隊的缺失：

- 缺乏政策致規劃能力
- 對產業勞動力的差異性毫無認知
- 缺乏與勞、資雙方的協調能力
- 欠缺危機處理能力

民主、自由不意味著亂來（只要我喜歡，有什麼不可以）！教育更不意味著高學歷、文憑主義，台灣由 1970 代的極盛時期到今日的困頓不前，這四十幾年來我們歷經了民主亂像、教育亂像，台灣真的沉淪了！

民眾對政府的期許：只要不擾民就感恩了！

台灣的企業一直很辛苦，最大的敵人不是來自國外的競爭廠商，而是國內滯礙難行的法規束縛，政府的無效、無能，但筆者始終相信：

勤奮的台灣人會找到一條出路…

5.7 習題

(　　) 1. 以下哪一個項目不是產業發的 3 個基本要素之一？ (4)
(1) 水　(2) 電　(3) 交通　(4) 資產

(　　) 2. 目前大陸是全世界第幾大經濟體？ (2)
(1) 一　(2) 二　(3) 三　(4) 四

(　　) 3. 根據本教材內容，中國北京最熱賣商品為何者？ (1)
(1) PM 2.5 口罩　(2) 掃地機器人
(3) 春運火車票　(4) 小米手機

(　　) 4. 以下有關於「德國人廢核」的敘述何者是錯誤的？ (2)
(1) 民生電價高漲　(2) 關閉火力電廠
(3) 從法國買電　(4) 再生能源補貼過高

(　　) 5. 以下有關於「太陽能發電」的敘述何者是錯誤的？ (1)
(1) 夜間無法發電：是嚴重的缺點
(2) 雲層移動干擾發電
(3) 只能做輔助用電力來源
(4) 與天然氣發電的互補性高

(　　) 6. 以下有關於「漂浮太陽能發電場」的敘述何者是錯誤的？ (4)
(1) 解決太陽能板佔地面積太大
(2) 解決水庫日照太大水分蒸發問題
(3) 將太陽能電板架設在水庫或湖泊上
(4) 此種發電方式不適用於台灣

(　　) 7. 全球第一條太陽能道路在哪一個國家？ (3)
(1) 美國：軍事、航太　(2) 德國
(3) 法國　(4) 英國

(　　) 8. 太陽能發電成本每年平均可降低 17%，預計哪一年可達到與傳統能源相同的成本水平？ (3)
(1) 2020　(2) 2025　(3) 2030　(4) 2035

(　　) 9. 以下有關於「風力發電優缺點」的敘述何者是錯誤的？ (2)

(1) 電力小、不穩定　(2) 可做為基載電力
(3) 建造費低　(4) 噪音大，破壞生態景觀

(　　)10. 以下有關於「高空風力發電」的敘述何者是錯誤的？ (4)

(1) 發電效率為地面上的 2 倍
(2) 得到日本軟體銀行投資
(3) 麻省理工學院研發
(4) 考量發電效率，風力發電機都往小型化方向發展

(　　)11. 目前水能源電商業運轉模式最成功的是哪一種？ (1)

(1) 水庫發電 (2) 河川發電 (3) 潮汐發電 (4) 波浪發電

(　　)12. 以下有關於「水庫發電」的敘述何者是錯誤的？ (4)

(1) 發電時無污染物排放
(2) 營運成本低且穩定
(3) 壽命有限，一般約為 100 年
(4) 對生態影響極微

(　　)13. 以下有關於「台灣黑潮研究成果」的敘述何者是錯誤的？ (2)

(1) 黑潮是北太平洋環流的一支
(2) 流經台灣西部
(3) 3 ～ 4 座洋流發電機組能取代 3 座核能電廠
(4) 已成功完成發電測試

(　　)14. 以下有關於「台灣能源」的敘述何者是錯誤的？ (4)

(1) 能源礦藏相當匱乏　(2) 環境綠能資源十分豐沛
(3) 綠色能源的開發成本偏高　(4) 政府推動綠能政策明確

(　　)15. 以下哪一家車廠是「純電動車廠」？ (1)

(1) 特斯拉 TESLA　(2) 克萊斯勒 Chrysler
(3) 寶馬 BMW　(4) 賓士 BENZ

(　　)16. 純電動車發展最主要的瓶頸為何？ (2)

(1) 馬力　(2) 電池　(3) 價格　(4) 節能

(　　)17. TESLA Model 3 的價格大約為何？ (2)

(1) 2 萬美金 (2) 3.5 萬美金 (3) 5 萬美金 (4) 10 萬美金

(　　)18. 根據本教材內容，以下哪一種車輛充電方式是舊思維？ (3)

(1) 立法規定建築物必須有電動車充電器
(2) 停車場配置充電裝備
(3) 開車到充電站充電
(4) 建造無線充電道路

(　　)19. 以下有關於「無線充電」的敘述何者是錯誤的？ (1)

(1) 比較耗電　(2) 將電力轉變為可充電的電波
(3) 充滿電時會自動停止充電　(4) 未來充電接受率可達到 98%

(　　)20. 以下有關於「汽車發展」的敘述何者是錯誤的？ (4)

(1) 火星塞讓汽車進入自動化時代
(2) 車上的機械零件變成了電子零件
(3) 車上的電子零件又提升為通訊零件
(4) 全車電子化是不可能達成的

(　　)21. 根據本教材內容，由於哪一種無線通訊技術哪一種，商上的影視裝備都被手機的 Youtube 取代了？ (2)

(1) Wi-Fi　(2) 無線藍牙　(3) 紅外線　(4) Zigbee

(　　)22. 根據本教材內容，有關於「車聯網」以下哪一項敘述是錯誤的？ (4)

(1) 車輛可與交通號誌聯網
(2) 車輛可與地區交通控制中心聯網
(3) 車輛共乘將會成為新的趨勢
(4) 捷運系統仍是最有效率的都會型運輸工具

(　　)23. 根據本教材內容，以下有關於「無人自駕車」的敘述何者是正確的？ (3)

(1) 無人駕駛車禍風險較高
(2) 無人駕駛的法律問題無法解決
(3) 無人駕駛的可信度高於人類駕駛
(4) 無人駕駛有道德風險

(　　)24. 以下有關於「輔助駕駛系統」的敘述何者是正確的？ (3)

(1) 可以不用踩油門　(2) 可以自行停車
(3) 駕駛人可以放開雙手　(4) 有後視鏡盲點警示功能

(　　)25. 根據本教材內容，以下有關於「無人機送貨服務」的敘述何者是錯誤的？ (4)

(1) 英國政府的態度較美國政府開放
(2) 都會區的停機坪是一個瓶頸問題
(3) 必須由政府來鬆綁現有航空法令
(4) 目前領導廠商是 UPS

(　　)26. 根據本教材內容，以下有關於「分享經濟」的敘述何者是錯誤的？ (2)

(1) UBER 的汽車共享
(2) U-Bike 將造成自行車業產業蕭條
(3) 分享經濟獎改變企業經營模式
(4) airbnb 住房分享

(　　)27. 根據本教材內容，以下有關於「UBER」的敘述何者是正確的？ (3)

(1) 在台灣普遍受到歡迎
(2) 政府立法通過 UBER 經營模式
(3) 政府、業者、消費者、計程車業者全輸
(4) 促進台灣租車業的繁榮

(　　)28. 根據本教材內容，以下有關於「新加坡與台灣的比較」的敘述何者是錯誤的？ (4)

(1) 新加坡人均 GDP 遠高於台灣
(2) 新加坡政府效能遠高於台灣
(3) 外資對新加坡的投資遠高於台灣
(4) 台灣的亞太營運中心超越新加坡

(　　)29. 根據本教材內容，以下有關於「台灣經濟最輝煌的時期」的敘述何者是錯誤的？ (3)

(1) 亞洲四小龍之首　(2) 1970 年代
(3) 民主自由時代　(4) 政府團隊人才輩出

(　　)30. 根據本教材內容，以下有關於「台灣今日整體困局」的敘述何者是錯誤的？ (1)

(1) 公務員是高尚的職業
(2) 領年金的老人多於繳年金的年輕人
(3) 年金政策規劃錯誤
(4) 經濟發展影響人口成長

IOT 物聯網基礎檢定認證教材

作　　者：林文恭研究室
企劃編輯：郭季柔
文字編輯：王雅雯
設計裝幀：張寶莉
發 行 人：廖文良

發 行 所：碁峰資訊股份有限公司
地　　址：台北市南港區三重路 66 號 7 樓之 6
電　　話：(02)2788-2408
傳　　真：(02)8192-4433
網　　站：www.gotop.com.tw
書　　號：AER049500
版　　次：2017 年 06 月初版
建議售價：NT$250

商標聲明：本書所引用之國內外公司各商標、商品名稱、網站畫面，其權利分屬合法註冊公司所有，絕無侵權之意，特此聲明。

版權聲明：本著作物內容僅授權合法持有本書之讀者學習所用，非經本書作者或碁峰資訊股份有限公司正式授權，不得以任何形式複製、抄襲、轉載或透過網路散佈其內容。
版權所有 ● 翻印必究

國家圖書館出版品預行編目資料

IOT 物聯網基礎檢定認證教材 /林文恭研究室著. -- 初版. -- 臺北市：碁峰資訊, 2017.06
面；　公分
ISBN 978-986-476-420-4(平裝)
1.網際網路　2.電腦商務
312.1653　　106007562

讀者服務

- 感謝您購買碁峰圖書，如果您對本書的內容或表達上有不清楚的地方或其他建議，請至碁峰網站：「聯絡我們」\「圖書問題」留下您所購買之書籍及問題。（請註明購買書籍之書號及書名，以及問題頁數，以便能儘快為您處理）
http://www.gotop.com.tw

- 售後服務僅限書籍本身內容，若是軟、硬體問題，請您直接與軟、硬體廠商聯絡。

- 若於購買書籍後發現有破損、缺頁、裝訂錯誤之問題，請直接將書寄回更換，並註明您的姓名、連絡電話及地址，將有專人與您連絡補寄商品。

- 歡迎至碁峰購物網
http://shopping.gotop.com.tw
選購所需產品。